男孩
情商书

韦良军　韦良宜◎编著

图解版

中国纺织出版社有限公司

内 容 提 要

男孩要想在事业上获得成功，生活得更加顺遂如意，一定要有高情商。情商高的男孩即使被负面情绪侵扰，也能很好调整自己的情感状态和心理状态，从而更好地成长。但是情商并不是天生的，男孩要在后天成长的过程中培养和提升自己的情商。

本书以心理学知识为基础，从各个方面讲解了男孩如何提升情商。情商既是幽默的性格，也是控制情绪的能力，还是坚忍不拔的决心和毅力、良好的沟通能力、越挫越勇的精神以及与人为善的品行。希望通过此书，男孩们在这些方面都能够有所领悟和成长。

图书在版编目（CIP）数据

男孩情商书：图解版/韦良军，韦良宜编著. --
北京：中国纺织出版社有限公司，2022.10
　　ISBN 978-7-5180-8718-1

　　Ⅰ. ①男… Ⅱ. ①韦… ②韦… Ⅲ. ①男性—情商—
通俗读物 Ⅳ. ①B842.6-49

中国版本图书馆CIP数据核字（2021）第144737号

责任编辑：赵晓红　　责任校对：高　涵　　责任印制：储志伟

中国纺织出版社有限公司出版发行
地址：北京市朝阳区百子湾东里A407号楼　邮政编码：100124
销售电话：010—67004422　传真：010—87155801
http://www.c-textilep.com
中国纺织出版社天猫旗舰店
官方微博http://weibo.com/2119887771
三河市延风印装有限公司印刷　各地新华书店经销
2022年10月第1版第1次印刷
开本：880×1230　1/32　印张：7
字数：128千字　定价：49.80元

前言

男孩要想在现代社会中立足，结交更多的朋友，做出自己的成就，就必须致力于提高情商。情商这一概念自首次被提出来发展至今得到了越来越多人的关注，也得到了很多心理学家的重视。一直以来，人们都认为智商最重要，关系到能否取得成功，其实情商比智商更重要，因为情商是综合智力。

情商的高低关系到我们能否调整好自己的情绪，能否在情绪激动的时候控制好自己的怒气，能否在遭遇失败之后振奋精神重新来过，能否在面临人际交往难题的时候以幽默风趣的语言让气氛缓和，能否始终坚持正确的方向一直前进……总而言之，情商关系到我们生活、学习和工作的方方面面。一个人如果智商不高，顶多在学习上处于劣势；一个人如果情商不高，在方方面面都会处于劣势。

情商高、智商也高的男孩，生活顺遂如意；情商高、智商不高的男孩，将会在人际关系中游刃有余，说不定还会结识贵人一飞冲天呢；情商不高、智商高的男孩，虽然在学术方面有所专攻，却会因为人际关系不佳而得不到机遇，得不到赏识；情商不高，智商也不高的男孩，注定会碌碌无为度过一生。

男孩在成长的过程中，一定要注重培养和提升自己的情商。作为现代人，必须具备情商这种能力，这样才能获得幸福和成功。情商意味着我们在社会生活中将会如鱼得水，游刃有余，哪怕我们每个方面的表现不那么出类拔萃，我们也依然会被领导器重，这就是情商的魅力。

男孩要想解决自己在生活中遇到的诸多难题，要想让自己心情愉悦地面对未来，创造美好的生活，就一定要有高情商！很多男孩原本就性格急躁，暴躁易怒，就更是要注重培养自己的情商。现实生活中，很多糟糕的事情之所以发生，就是因为一时的愤怒和冲动使事情失控。男孩要成为情绪的主宰，竭力避免这种情况。此外，在遇到各种为难的事情时，男孩还要有决心和毅力，勇敢地面对和解决难题，切勿退缩和胆怯，否则就会彻底地与成功绝缘。

情商如此重要，男孩们，你们还在等什么呢？赶快读完这本书吧，相信你在读完这本书之后，一定会有所感悟，有所成长！

编著者

2022年7月

目录

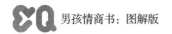

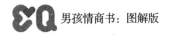

第 01 章

走近情商，
情商对于男孩来说至关重要

揭开情商的神秘面纱

近些年来，人们越来越多地提及情商，心理学家也更加看重情商。不仅如此，就连很多企业管理者、人力资源管理者在招聘人才的时候，也会把高情商作为人才必备的素质之一，将其列为招聘的重要条件。情商到底是何物，为何会在短短的时间得到社会的广泛关注，并且受到大多数人的重视呢？这与情商的本质密不可分。

美国心理学家最早提出了情商的概念，认为情商，就是情绪智力。这意味着，情商首先是一种智力，那么情商对人生起到如此重要的作用也就不足为奇了。所以作为父母切勿觉得情商就是掌控好心情，而是要认识到情商的本质是一种智力，这样才能更加重视情商，也才能把情商作为对男孩开展教育的重要方面去对待。自从美国心理学家第一次提出情商的概念，很多心理学家就大力投入对情商的研究之中，而且始终致力于更加准确地定位情商。很快，心理学家就更进一步地定义了情商，认为情商指人在情绪、情感和意志力等方面表现出的综合品质与素质。一直以来，人们都认为智商才是最重要的，因为智商关系到人们的学习能力和智力发展水平。现在，人们意识到情商的覆盖范围比智商更为广泛，也可以说情商是对智力因素的创新性认知和革命性构建。高情商的人始终致力于探索生命的内在力量，也一直在努力把控生命，创造精彩充实的人生。正是基于此，人们对于情商与智商的认知才有了本质性的改变。人们不再认为只有高智商才能获得成功，而是把情商提升到比智商更高的地位，认为只有具备高情商，才能距离成功更近。换而言之，一个人如果没有高智商，却有高情商，那么他们也能处理好复杂的人际关系，从而在人际网络中如鱼得水，做好管理者工作；一个人如果只有高智商，而情商很低，那么他们也许很适合从事技术开发工作，却在复杂的人脉关系网络中举步维艰，还有可能因为人际关系恶劣而遭到排挤。这充分说明了情商比智商更重要，情商对男孩的发展至关重要。

情商并非独立存在的智力因素，而是与智商之间互为促进，相辅相成，也偶尔也会出现相对对立且互为补充的关系。情商的出现，使得智商不在成功的诸多因素中占据主导地位，也吸引了更多心理学家的关注。如今，很多教育学家也发现了情商对于孩子成长的重要作用，因而在学校教育中有意识地加入情商培养课程，致力于提升孩子的情商。总而言之，情商的重要性已经被提升到前所未有的高度，成为所有人获得成功必须具备的优秀品质和重要能力。当父母充分意识到这一点，在教育孩子的过程中注重提升孩子的高情商，使孩子学会掌控情绪、与人交往培养孩子顽强不屈的意志力，那么孩子就会发展出更多成功所需要的能力，也能如愿以偿地获得成功。

现实生活中，很多男孩都因为感情没有那么细腻，心思没有那么缜密，使自己在人际交往中面临困境。如果男孩具备高情商，在面对很多人际难题的时候，就能发挥情商的魅力，使难题迎刃而解，最终皆大欢喜。

小学五年级，正是学习的关键时期，因为爸爸工作上有调动，乐乐和爸爸妈妈一起来到新的城市生活。面对陌生的环境、全新的学校和同学，乐乐无所适从。虽然已经开学一个多星期了，但是乐乐还是形只影单。看到乐乐的样子，妈妈很担心，她很想帮助乐乐，却不知道应该怎么办。正在此时，班级里下发了学校活动的通知，让孩子们在下周五举行的校园美食节上带一道美食与同学们分享。妈妈灵机一动：我为何不做最拿手的蜂蜜烤翅，让乐乐带去与同学们分享呢？妈妈把这个想法告诉了乐乐，乐乐高兴得一蹦三尺高，兴奋地喊道："妈妈做的蜂蜜烤翅比肯德基、麦当劳的蜂蜜烤翅更好吃，同学们一定会赞不绝口的！"

为此，妈妈准备了八斤鸡翅，这样一来，全班四十多个同学，每个同学都可以吃到两块美味的烤翅啦！看到妈妈这么辛苦，乐乐主动对妈妈说："妈妈，我还可以把我珍藏的巧克力也带去，给每个同学分享。平时都不让带零食，这次我可是要当乐于分享的小吃货。"妈妈赞许地对乐乐说："当然好啊。抓住这个分享美食的机会和同学们熟悉起来，我相信你一定会交到很多好朋友的。"就这样，在妈妈的大力支持下，乐乐带

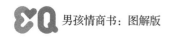

去的蜂蜜烤翅和巧克力得到了同学们的一致好评，就连老师在品尝了蜂蜜烤翅之后，也连声夸赞呢！经过了这次美食分享活动，乐乐和同学们的关系好多了，还结交了几个关系特别好的朋友！

乐乐的情商很高，听到妈妈要给自己做很多蜂蜜烤鸡翅带去和同学们分享，他马上就表示也愿意拿出自己珍藏的巧克力带给同学们吃。因为平日里学校不允许带零食，所以借助于这个机会，乐乐正好可以用美食拉近与同学们之间的距离。而且，人在享用美食的时候往往非常放松，为友情的滋生奠定了良好的基础。

高情商的男孩最善于处理人际关系，哪怕是在陌生的环境中，他们也能抓住各种机会拉近自己与他人之间的距离。这使他们不管处于怎样的社交场合都如鱼得水，不管面对怎样的人际相处困境都能消融坚冰。作为父母，如果现在你还不了解情商，那么一定要尽快地走近情商，揭开情商的神秘面纱，了解情商的真面目，努力培养男孩的高情商呀！

情商比智商更重要

一直以来，人们都认为只有拥有高智商，才能更聪明，也才能更容易获得成功。其实，这样的观念是错误的。近些年来，随着情商这一概念被提出，随着越来越多的心理学家开始研究情商，人们渐渐揭开了情商的神秘面纱，认识了情商的真面目。毋庸置疑，智商高低的确会影响我们的学习和成长，也会影响我们在生活和工作中方方面面的表现。但是，智商并不是获得成功唯一重要的因素。心理学家经过对情商的研究发现，要想获得成功，情商比智商更重要。

智商是相对单一的智力因素，而情商则是综合的智力因素。在世界范围内，哈佛大学是无数学子都心向往之的高等学府，这所学校为全世界各个国家培养了很多顶尖人才。然而，哈佛大学从来不唯智商论，而是非常注重培养学生的综合能力，提升学生的综合素质水平。在哈佛大学，大名鼎鼎的心理学教授曾经在对情商展开研究的时候指出，对于成功而言，智商只占到20%的作用，而情商占到了80%的作用。从这个比例就可以看出，情商有多么重要，在人们追求成功的过程中又发挥了多么关键的作用。

因为看重智商，所以大多数人都对智商特别熟悉和了解，而对于后来才提出的情商缺乏认知。有些父母迄今为止依然坚持迂腐的观念，他们望子成龙、望女成凤，更是迫不及待地带着孩子去测定智商，似乎这样就能提前预知孩子的一生。其实，这样的做法太过心急，也不科学。只有加深对智商和情商的了解，洞察它们之间的真正区别，父母们才能正确认识智商和情商，也才能正确对待智商和情商。

通常情况下，智商表现为语言能力、分析能力、逻辑能力、推理能力等，这些能力都是与智商密切相关的。尤其是完成理科的难题时，智商越高，解题成功率也就越高。这也就解释了那些智商高的人在理科学习方面往往占据优势。与智商是硬功夫恰恰相反，情商是软能力。情商表现为控制情绪的能力、处理人际关系的能力、适应社会的能力、承受挫折和打击的能力、承受压力的能力等。这些软能力虽然并不能直接帮助我们解答难题，但是却可以帮助我们保持良好的状态，使我们在面对人生中的各种难题时都做到从容不迫，从而激发自身的潜能，更圆满地解决难题。

丹尼尔·戈尔曼是哈佛大学心理学教授，他首次提出了情商的概念。他认为，很多青少年之所以沉迷于犯罪，沾染毒品，崇尚暴力，与他们情商低下有密切的关系。丹尼尔·戈尔曼还提出，一个人只有提高情商，才能具备更强的生存能力，否则就会在社会生活中受到很多诱惑，无法坚定地做自己，走属于自己的人生道路。

从与生活的关系来看，和智商相比，情商与生活的联系更紧密。通常情况下，人们在解决难题的时候要更多地运用智商，而在处理日常生活中遇到的那些常见的事情时，则更多地仰仗情商。情商低下，人们在生活中就会举步维艰，在人际相处中也会面临很大的困难。要想让生活更加顺遂如意、结交更多的朋友，就一定要重视情商的培养。幸运的是，情商并不完全取决于先天，而是在很大程度上取决于后天的成长。因而只要父母有意识地培养男孩的情商，男孩的情商就会越来越高，在情商方面的表现也会越来越好。

情商关系到男孩成长的方方面面。在电影《失独》中，独生子楼一凡因为考上了佛罗里达艺术学院，因而和同学们结伴去吃烧烤，喝啤酒，打算一起庆祝一下。他的女友不小心把手机掉在地上，被烧烤店的小伙计项岩捡走了。很快，女友发现手机不见了，楼一凡尝试着给女友打电话，结果听到项岩的口袋里传来手机响声。女友对项岩不依不饶，另外几个伙伴也追着项岩打起来。项岩听说要被送到派出所，又被打急了，就从地上捡起一把刀胡乱挥舞。结果，项岩的刀尖划破了楼一凡的颈部动脉，楼一凡就这样失去了年轻的生命。

如果孩子们情商高一点，不要那么冲动，控制好怒气，以合理的方式解决问题，听一听项岩是怎么说的，原谅项岩的见财起意，那么楼一凡就能拿着录取通知书开启人生的艺术之旅，他的父母也就不会承受失独之痛。那个追着项岩打的男孩，最终真诚地向楼一凡父母道歉，告诉了他们事情的原委，拯救了自己在痛苦中煎熬的灵魂。

很多事情未必要到了关键时刻才会发生转机，而是会在很多平淡无奇的时刻里陡然变化。这样的变化甚至让人措手不及，但是世界上从来没有后悔药，不管多么后悔，事情一旦发生就再也无法挽回。当冲动的时候，男孩应该学会控制自己的情绪；当无法遏制住自己的欲望想要指责他人的时候，男孩应该学会给予自己更多的时间去思考，也让自己拥有更博大的胸怀去包容他人；当遭遇坎坷挫折的时候，男孩不要轻易放弃，而是要努力证明自己，用实力为自己代言。常言道，人生不如意十之八九。在这个世界上，从未有人能够一帆风顺地度过这一生，更不可能顺遂如意地完成每一件事情。唯有全力以赴做好自己该做的事情，唯有每时每刻都成为情绪的主宰，帮助自己做出理性的选择，男孩才能健康快乐地成长，也才能做出属于自己的成就。

情商高的男孩更好运

现代社会竞争的压力越来越大，生存的难度日渐提升。无论智商如何，都要努力提升自己的情商，这样才能在社会生活中如鱼得水，获得自己想要的一切。尤其是对于那些智商不低的男孩而言，如果因为情商低拖了自己的后腿，使自己在做很多事情的时候都面临困境，那么最终必然会影响自身的成长和发展。对于这样的男孩而言，高情商无疑是他们的加分项，会使他们在情商的助力下获得更多的成就。

一直以来，人人都希望自己拥有好运气，男孩也是如此。不过，好运并非天生就有的，也不是从天而降的，而是靠着自己的表现才能争取到的。人们常说，爱笑的女孩运气总不会太差，其实，爱笑的男孩运气也不会太差。男孩必须具有高情商，才能做到微笑面对他人，才能在成长的历程中有更好的表现。反之，如果男孩对于生活总是感到不满意，常常愁眉苦脸，怨天尤人，那么他们就不能得到好运的青睐。从人际交往的角度来说，人们都希望和积极乐观的人交往，受到正面的影响，而不喜欢和消极悲观的人交往，更不愿意受到负面的影响。所以情商高的男孩还拥有好人缘，当遇到一些难事不能凭着自身的努力去解决问题的时候，他们也会得到他人的热情帮助和鼎力相助，因而圆满地解决难题。

正如一句网红语所说的，既然哭着也是一天，笑着也是一天，我们为何不笑着度过人生中的每一天呢！男孩一定要想明白其中的道理，这样才能在面对人生中的困境时始终以高情商积极面对，从容应对。命运总是公平的，并不会特别偏爱某个人。一个人要想得到更多的好运，就要打造自身的强大气场，吸引正面能量。否则，即使有好运气也无法及时抓住，更有可能因此而错失良机。由此可见，高情商的男孩并非得到了命运的青睐，而是因为他们自身就是积极乐观充满正能量的，所以他们才会对生活满怀激情，满怀希望，也就在不知不觉间吸引好运气来到身边，使自己始终与幸福快乐常相伴。

大学毕业后，小刚一直没有找到合适的工作。因为爸爸妈妈支援的就业启动资金已经快要花完了，他决定先随便找份工

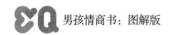

作做着，养活自己，再骑驴找马，慢慢寻觅更好的机会。正当小刚打算这么干的时候，机会降临了。

一天，小刚外出找工作，在公交车站看到一个老奶奶眉头紧锁，表情很痛苦。路过的人看到老奶奶好像马上就要因为体力不支摔倒在地，全都步履匆匆地离开了，生怕因此惹上麻烦。小刚想都没想，马上跑上前去搀扶着老奶奶坐到公交车站的椅子上，耐心地询问老奶奶哪里不舒服，家住什么地方，知不知道家人的手机号码。

后来，根据老奶奶所说的手机号码，小刚联系上了老奶奶的儿子。看到老奶奶被儿子送去看医生，小刚这才如释重负。当天晚上，他就接到了老奶奶儿子的电话。原来，老奶奶的儿子是一家企业的高管，他听到老奶奶说小刚正在找工作，向小刚伸出了橄榄枝。就这样，小刚在这家大企业中得到了一个很好的职位，他非常努力，表现出色，还不到两年就得到了晋升的机会。

如果不是因为心怀大爱，热情地帮助老奶奶，小刚怎么可能得到这个千载难逢的好机会呢！对于小刚而言，他当时根本没有想到自己有没有可能被老奶奶讹上，他只想着如果老奶奶摔倒在地就会导致非常严重的后果。现代社会中，像小刚这样乐于助人的人越来越少了，这虽然与曾经发生的几起做好事反而惹上大麻烦的事情有一定关系，但是我们却不能因此就放弃做一个善良的人。

好人总是有好报，好报未必就在当下，也有可能我们的善良会以能量流动的方式在社会生活中传递。也许偶尔我们会因为太过热心而受到委屈，但是如果热心给这个社会增加一些温度，那么这何尝不是最好的选择呢？现代社会中，很多人都在抱怨好人太少了，机会太少了，也会认为自己怀才不遇，因此而落落寡欢。其实这是自己的心魔在作祟。如果我们主动对他人付出爱，我们就会感受到温暖。俗话说，有心栽花花不开，无心插柳柳成荫。有的时候，机会并不会以本来面目呈现在我们的面前，而是会以各种其他的方式出现在我们身边。只有时刻准备着，遵从自己善良的本心去做事，我们才能得到更多更好的回报。

　　作为父母，为了培养孩子的高情商，应该坚持给孩子树立好榜样。有些父母本身就很吝啬，不愿意主动地对他人伸出援手，在人际交往中对于自己的付出和收获也总是斤斤计较，那么无形中就会给孩子带来负面影响，使孩子也学习父母的样子，吝啬地付出自己的爱，不愿意与他人之间建立友好的关系，这些都会让男孩变得越来越吝啬，也使男孩陷入孤独与寂寞之中，难以与他人建立深厚的友谊。

　　虽然人生之中常常有各种困厄和不如意，但是只要我们心怀希望，任何艰难坎坷都打不倒我们；虽然人生之中总是面临各种绝境，如果我们曾经向他人付出爱，那么我们也许在不久的将来，就会得到爱的回报。从现在开始，男孩们，成为一个

拥有好运气的人吧，你将会发现生命因为运气而变得与众不同，生命也因为好运气而变得璀璨夺目！

高情商的男孩更幸福

现代社会生活的节奏越来越快，竞争的压力越来越大。每个人都为了更好地生存而努力，不管是想获得更多的金钱，还是追求名利权势，终极目标都是获得幸福。也可以说，幸福是每个人的人生目标和追求。男孩固然有着远大的志向，却也想要获得幸福，那么就要努力提高情商，因为情商的高低与幸福与否密切相关。

如今，越来越多的心理学家开始研究情商。即使是普通大众，对于情商也从何物毫无所知的状态，到现在的加倍重视。随着热度的不断提升，关于情商的争议也越来越多。很多人相信情商是很重要的，也致力于提升自身的情商，而有些人却依然对情商持有怀疑的态度，他们不知道情商到底如何在生活中发挥作用，影响人们获得成功。

大多数男生的人生目标都是很远大的，他们或是想要做出一番成就，造福人类，或是想要晋升到更高的职位上，成为发号施令的管理人才，又或是想要赚取更多的金钱，改善自己和家人的生存条件，创造切实的幸福。无论如何，他们的目的只有一个，那就是让自己感到满足和幸福。每个人的人生目标都是不同的。有些人希望自己的人生波澜壮阔，豪情万丈；有些人希望自己的人生波澜不惊，岁月静好。我们无需以统一的标准去判定每个人是否获得成功，而只要坚守自己的内心，认定自己的确已经获得了想要的一切，就是真正的幸福。

幸福是个人的感受，是一个很虚幻的概念。有人认为幸福是吃饱穿暖，有人认为幸福是风光无限，有人认为幸福是学习好，有人认为幸福是玩得开心。每个人对于幸福都有不同的定义和标准，最重要的是，我们要在幸福到来的时候，真切地感受到幸福，真正地把握住幸福。幸福也许是最简单的诉求，却很难真正实现和获得，尤其是在生存压力越来越大的今天，幸福更是难以拥有。幸福难以捉摸，男孩更是要拥有高情商，才能在追求幸福的道路上走得更快更好，也才能在看到幸福的影子时马上伸出手去抓住幸福。幸福渗透在生活的点点滴滴中，高情商同样体现在生活的点点滴滴中。由此可见，高情商是获得幸福的前提条件之一。

小雨虽然是男孩，却心思缜密，感情细腻，情商很高。最近这段时间，爸爸妈妈一直在闹别扭，妈妈一气之下带着小雨回到姥姥家。因为正值暑假，小雨不需要每天上学，所以妈妈决定带着小雨在姥姥家多住一些日子。这一天，爸爸下了班来接妈妈和小雨回家，妈妈板着脸，把头别到一边，看都不愿意看爸爸一眼。天色不早了，回家要有一段路程呢，爸爸几次三番请求妈妈回家，妈妈都不搭理爸爸。这个时候，小雨突然哭了起来，对妈妈说："妈妈，我想我的大狗熊啦！我想回家抱着大狗熊睡觉。"听到小雨的哭声，姥姥也赶紧帮忙，说道："哎呀，两口子吵架哪里有什么深仇大恨，赶紧带着小雨回家吧。咱家没有那么多卧室，你如果住在家里的话，就得和小雨挤在一张床上，孩子睡得也不舒服。"说完，姥姥又对小雨说："小雨，还是回家睡觉舒服，对不对？你看看，你自己的床那么宽敞，上面还有姥姥给你买的大狗熊，陪着你一起睡觉。快点儿拉着妈妈和爸爸一起回家吧，好吗？"小雨赶紧擦擦眼泪，拉着妈妈的手走向门外。妈妈无奈地说："你们祖孙俩就一起诓我吧，一个赶我走，一个说想大狗熊。你们就是故意的！"小雨趁着妈妈不注意，向姥姥比画了一个胜利的手势，又朝着爸爸笑了笑。当天晚上回到家里，爸爸妈妈就重归于好了。

在这个事例中，小雨可真是个人精啊，他看出来妈妈想跟爸爸回家但又不想下台阶，就以这样的方式劝说妈妈，还对妈妈上演了"苦肉计"，难怪会一举获得成功呢！高情商的孩子能够察言观色，也会以恰当的方式打破人际相处的僵局，让现场的气氛变得和谐融洽。

在生活中，除了劝说父母和好要用到高情商之外，还有很多事情需要男孩发挥高情商呢！例如，和同学相处的时候闹矛盾，与其针锋相对，不如委婉地表达自己的意思去说服同学；

考试成绩不好的时候，与其理直气壮地把成绩给父母看，不如先向父母分析考试成绩不佳的原因，赢得父母的体谅；想向父母提出要求的时候，与其以强硬的态度说出来，不如对父母撒娇，或是把话说得好听一些，让父母主动答应满足自己的要求。把情商用在哪里，哪里就会有更好的表现，也会取得更好的效果。高情商对我们生活的方方面面都将产生影响，因而男孩一定要致力于提高情商，让情商为生活增添光彩。

高情商的"指标"

情商既然是综合能力，还能和智商一样测定出数值吗？当然不能。因为智商是单一的智力因素，而情商则是综合的智力因素，所以要想把情商像智商一样测定出数值是很难的。情商虽然不能测定数值，却是有指标的。男孩要想提升情商，就要以具体的指标考察和衡量自己是否已经在所有方面都达标了，这样才会有更好的情商表现。

对于情商，很多人都存在误解。他们认为，只有那些八面玲珑的人才有高情商，其实不然。真正的高情商者，也有可能低调内敛，但是却能在不动声色之间处理好人际关系，圆满解决各种问题，收获成功的人生，获得了想要的幸福。这是因为情商并非高调奢华，而是低调有内涵，情商总是在不知不觉间

对我们的生活产生各种各样的影响，也让我们的命运轨迹发生了调整，助力我们获得了真正想要的幸福。

有一点毋庸置疑，那就是我们现在都已经意识到了情商的重要作用。遗憾的是，情商并非天生的，很多人都不是天生的高情商者。情商是在后天的成长中提升，才会变得越来越高的。所以即使现在情商低也没关系，只要有意识地努力提升自身的情商，我们的情商就会越来越高。有些男孩因为情商低而面临困境，但不要因此而感到焦虑，当掌握了情商的各项指标，也努力让自己在各个方面都真正达标，男孩的情商就得到了提升，男孩也会因此而受益匪浅。

第一点，高情商的男孩善于察言观色。很多男孩都粗枝大叶，对于自己关心的事情，他们会很仔细；对于自己不关心的事情，他们就会听若未闻，视若无睹。作为男孩，虽然不需像女孩一样认真仔细，情感细腻，但是也要学会察言观色，这样才能及时体察他人的情况，也才能给予他人更好的关照。人是群居动物，每个人都不可能脱离他人而独立存在。在人群之中，善于察言观色的男孩才能更细致地体察他人的心情，与他人之间有更好的互动和沟通。

第二点，高情商的男孩要善于自我反省。古人云，金无足赤，人无完人。对于高情商的男孩而言，必须学会自我反省。一个人只有先意识到自身的不足和错误，才能积极地弥补和改正。如果总是认为自己所做的一切都是正确的，那么他就不可能反省自身，也无法变得更好。所以男孩要有自我反省的意识，要时常反观自身，这样才能坚持完善自己的行为举止，提升自己的行为表现。

第三点，学会掌控情绪。人是情绪动物，每个人每时每刻都会产生情绪，如果不能主动掌控情绪，而是因为受到情绪的影响做出失控的举动，就会变成情绪的奴隶，经常受到情绪的负面影响。现实生活中，很多情节恶劣的事情，不是因为事情本身多么糟糕，才有了糟糕的后果。很有可能，原本只是一件小事情，就因为当事人情商低，处理不当，所以才导致结果糟糕。

第四点，要保持积极乐观的心态。人们常说，心若改变，世界也随之改变。如果男孩面对人生总是愤愤不平，满怀抱怨，那么他们就不能以积极乐观的态度去面对一切事情。人生中常常有很多疾苦，也会有不如意，与其愁眉苦脸度过每一天，还不如调整好心态。兵来将挡，水来土掩，这样才能从容地应对发生的一切。

第五点，高情商的男孩能够设身处地为他人着想，善于共情。很多男孩在人际交往方面都面临困境，他们的语言发展原本就比女孩晚，所以在面对一些尴尬的情况时就会笨嘴拙舌，不知道该怎么说才好。也有些男孩总是从自身的角度出发考虑问题，不知不觉间形成了以自我为中心的想法，因而变得很自私任性，往往不能体察到他人的情绪。在人际相处的过程中，如果男孩能够有意识地站在他人的角度，为他人考虑，并且能够体察他人的感情，那么他们就能够更加理解和体贴他人，也能与他人之间拉近关系，增进感情。

第六点，高情商的男孩勇敢无畏，能够主动出击。高情商的男孩并不会始终坐等机会，而是会在必要的时候勇敢无畏地主动出击。机会不是等来的，不会从天而降，只有采取积极主动的姿态，高情商男孩才能把握每一个机会，也会竭尽所能地创造机会。

当然，以上六点只是高情商男孩要达到的主要指标。情商既然是综合智力因素，就意味着男孩要在很多方面都做得更好才能全方位提升自己的能力和水平，也才能真正做到提高情商。例如，不骄傲，保持谦虚的心态努力进取；不张扬，保持礼貌的状态对待他人；不嫉妒，真心地赞美他人；不吝啬，慷慨地与他人分享，热情地帮助他人……一个人所需要具备的诸多优秀品质，都可以归于情商的范畴，男孩必须面面俱到地发展和成长，才能交上满分的情商答卷。

生活无时无处不需要用到情商，小到与身边的人说一句话，情商高的人会说得人笑，情商低的人却有可能说得人跳，大到面对一些重大的事情或者危急的时刻做出抉择，都需要情商发挥至关重要的作用。不要等到因为情商低而给自己的生活、学习和工作都带来麻烦时再去发展情商，而是要从现在开始就有意识地培养和提升情商。古人云，书到用时方恨少，我们也该告诉自己，情商再高也不嫌高，情商越高，我们就越是顺遂如意。男孩们，你们还知道哪些情商的指标呢？将其作为自己情商的标杆，去努力吧！

第02章

了解情商，

男孩善用情商抓取幸福

情商的"本质"，你不可不知

哈佛大学的丹尼尔·戈尔曼教授最早提出了情商的概念。在当时，很多人对于情商都不了解，也因此而质疑丹尼尔·戈尔曼的情商理论。那么，丹尼尔·戈尔曼为何要提出情商的概念呢？作为心理学教授，他一直关注青少年犯罪行为，注重研究青少年犯罪心理。在当时，美国社会充斥着暴力、吸毒等犯罪行为，社会氛围特别浮躁，人们的心态也很不稳定。在当时，丹尼尔·戈尔曼作为记者对这些现象特别关注，因而在进行深入研究之后，于1955年出版了《情商：情商为什么比智商更重要》这本书，在世界范围内首次提出了情商的概念，也由此引发了情商研究的热潮。正是因为如此，很多心理学家和情商的研究者都尊称丹尼尔·戈尔曼为"情商之父"。

自从情商的概念被提出，越来越多的人改变了观点。他们不再迂腐地认为只有智商才是决定成功的关键因素，而是认识到情商在成功方面所起到的作用比智商更加重要，也由此把情商提升到前所未有的高度，并且逐渐认识到情商对社会生活的方方面面都有着重要影响。在现实的社会生活中，很多人生活清贫，却过着幸福快乐的生活。很多人尽管拥有很多优质的条件，却生活得并不幸福，这是为什么呢？就是因为他们的情商高低不同，所以他们创造幸福和感悟、体验幸福的能力也相差悬殊。

举例而言，现代社会中有很多大龄剩男和剩女。这些剩男剩女并非因为自身条件不好才被"剩下"，恰恰是因为他们自身条件很优质，却唯独缺少情商。年轻的时候，他们往往仗着自身条件好就眼高于顶，特别挑剔；等到年纪越来越大，他们非但没有危机感，反而更加不甘心，不愿意降低条件屈就；最终，他们被剩下，却愤愤不平，觉得这个世界上没有人能够配得上他们，因而陷入了孤独和寂寞之中。这些剩男剩女中只有极少数人自身条件不好才被剩下，大多数都是"三高"人才，即高学历、高收入、高颜值。这样白白浪费了青春，却与幸福绝缘，简直太遗憾了。

让他们更加不平衡的是，在他们身边，那些"三低"人都有了好的归宿，享受着幸福的生活。这些"三低"人，相貌平平，学历和收入都不高，但是却很快就找到了自己的真命天子或者是真命天女。他们不挑剔不苛求，对自己有客观中肯的认知，对他人也有很好的评价，尤其是在与人相处的时候，他们更是能够把话说到他人心里去，即使面对陌生人也能很快就拉近关系，变得熟悉起来，这样一来，他们就从不会感到孤独和寂寞，在任何时间和场合都能找到属于自己的圈子，既收获了友谊，也收获了爱情。

高情商的终极体现就是收获幸福，在认识情商的本质之后，男孩还要学会运用情商为自己的生活助力，才能让情商发挥更强大的作用。

升入高中，感受到学习的巨大压力，帅帅常常会愁眉苦脸地起床，无精打采地开始一天紧张忙碌的学习生活。看到帅帅的样子，妈妈很担忧："帅帅，高中学习要三年呢，而且将来就算如愿以偿考上了好大学，也是需要勤奋刻苦学习的。你如果从现在开始就每天愁眉不展，将来大学毕业后再承担起繁重的工作，岂不是很少能够开怀大笑了吗？每个人每天都要做一些事情，不上班的人要做家务，上班的人要努力工作，学习的人就要用功学习。在这个世界上，没有谁能够不劳而获。你应该微笑着面对人生中的每一天，这样你才能拥有强劲的动力，也才能满怀希望地努力拼搏。"在妈妈的一番开导下，帅帅认识到自己这样整日愁眉苦脸并不能解决问题，因而他决定改变自己的心态和神态。

清晨起床，帅帅对着镜子里睡眼蒙眬的自己笑了起来，说："加油啊，今天又是美好的一天。"然而，他已经忧愁惯了，常常在不知不觉间就又会愁眉紧锁。为了提醒自己每时每刻都要保持微笑，他写了很多便签贴在家中各处。例如，在镜子上贴上一个笑脸，在书桌上贴上一句"加油"和一个笑脸，在台灯上贴上一个双手握拳的图片。在无处不在的便签提醒下，帅帅果然做得越来越好，笑容成为他最好的神态，让他整个人都变得神采奕奕。

生活就像是一面镜子，当我们以哭脸面对生活，生活就会回报给我们哭脸；当我们以笑脸面对生活，生活就会回报给我们笑脸。对于生命中各种各样的境遇，忧愁、抱怨，从来不能解决问题，只有积极、乐观，才能带着我们冲破迷雾，重见阳光。高情商的男孩知道，不管面对怎样艰难和坎坷的境遇，我们都要全力以赴争取做到最好。放弃，只能意味着彻底失败，而只要勇敢尝试，哪怕失败了，也能从中汲取经验和教训，这样做才能为未来铺就道路，也才能让人生更加平顺。心若改变，世界也随之改变，男孩们，你们感受到心灵深处的力量了吗？加油吧！要相信自己能够改变命运，要相信自己能够创造奇迹！

"高情商"的秘密武器

虽然做每一件事情都要脚踏实地，要知道没有投机取巧的方法可以使用，但是这并不意味着没有捷径可走。只有掌握了技巧，才能事半功倍；只有掌握了秘密武器，才能创造奇迹。

男孩要想获得幸福，并不是一件容易的事情。对于男孩而言，获得幸福的必要条件之一，就是拥有高情商。很多男孩从小娇生惯养，在家庭生活中是全家人关注的焦点，在成长过程中，是所有人关注的重点，这使男孩在不知不觉间养成了以自我为中心的坏习惯。他们不管考虑什么问题，还是做什么决定，都只从自身的角度出发，而很少会考虑到他人的需求。这样自私、任性、霸道的性格会使男孩的情商很低，也很难建立良好的人际关系。

还有些男孩缺乏自信。他们看不到自身的优点和长处，总是抱怨自己表现得不够好，还认为自己一无是处。这使他们在做很多事情的时候都畏缩胆怯，因为缺乏信心，还会出现纰漏，由此而陷入恶性循环之中。

男孩要首先学会与自己相处，其次才能学会与他人相处。与自己相处，听起来很容易，做起来很难。每个人都自以为对自己很熟悉，等到真正端详镜子里自己的面庞时，却又会觉得很陌生。男孩也是如此，他们平日里大大咧咧，觉得对自己无所不知而等到真正审视自己的内心时，才会感受到若隐若现的迷惘和彷徨。尤其是青春期男孩，处于情绪的躁动状态，更是会被困惑搅扰。对待自己，男孩既不要狂妄自大，也不要妄自菲薄，唯有调整好对待自己的状态，才能更好与自己相处。

高情商的男孩除了懂得与自己的相处之道，还懂得与他人的相处之道。他人，包括至亲的父母和兄弟姐妹，以及同学、朋友，甚至是男孩邂逅的陌生人。每个人都是独立的生命个体，人与人相处一定会有各种矛盾和摩擦，与其因为各种小事而闹得不愉快，不如调整好心态，控制好情绪，圆满地解决问题。尤其是在亲密的关系中，人与人之间更是很容易发生矛盾和争执，因为每个人都觉得没有必要在亲近之人面前掩饰自己。对于高情商男孩而言，这个难题则不复存在，因为他们会发挥高情商，圆满地解决问题。

不管是怎样的人际关系，亲近或疏远，其实都要遵循最基本的人际相处原则，那就是互相尊重，真诚对待。尊重总是相互的，男孩只有先尊重他人，才能得到他人的尊重；真诚也是相互的，男孩只有先真诚对待他人，才能得到他人的真心以对。当男孩学会处理人际关系，不但在各种人际关系中游刃有余，如鱼得水，在学校里与老师、同学相处，在职场上与上司、下属和同事相处时，也能做得很好。

现代社会特别讲究团结合作，一个人即使能力再强，也不可能只靠着单打独斗就做好很多事情，而必须融入团队之中，将自己和团队的力量整合起来，这样才能有所成就。俗话说，一个篱笆三个桩，一个好汉三个帮。不管在怎样的生活场景中，高情商的男孩都会因为拥有良好的人际关系而受益匪浅。每当在学习上遇到难题的时候，男孩可以得到同学的帮助；每当在工作上遇到不能胜任的艰巨任务时，男孩可以得到同事的热心助力。得道多助，失道寡助，不仅仅适用于帝王，也适用于现代社会的男孩。

高情商的男孩与人为善，对待每个人都很和善。他们会因此种下善良的种子，也会得到他人善良的回赠。很多人都挖空心思地想要结识生命中的贵人，他们只盯着那些位高权重的人，却忽略了每个人都有可能成为他人生命中的贵人，都有可能给他们提供至关重要的帮助。所以不要阿谀奉承，也不要把人看低，要不卑不亢、真诚友善地对待身边的每个人，相信男孩最终一定会知道坚持这么做的好处。

小优虽然是名牌大学毕业，但是谦虚低调，尊重身边的任何人。初入公司，他很勤奋，每天早晨早早地来到办公室，趁着同事们都还没到，他会给同事们打好热水，还会为同事们擦干净桌子。有的时候，看到保洁阿姨忙不过来，他还会主动帮助保洁阿姨倒垃圾呢！保洁阿姨对小优印象特别好，觉得小优和其他那些眼高手低的年轻人都不一样。

一天，保洁阿姨神秘兮兮地问小优："小优，你英语好不好？"小优不知道保洁阿姨为何突然这么问，回答道："还可以吧，过了八级。"保洁阿姨说："那我告诉你一个好机会，你可千万要抓住。今天我给老总打扫办公室的时候，听到老总说他下半年要去美国考察，需要带一个英语好的年轻人随行，当他的翻译和助理。你要早做准备哦！"虽然小优对保洁阿姨的话半信半疑，但是复习复习英语总是没坏处的。小优当即开始自主复习英语，还报名参加了短期的商务英语速成班呢！果然，半年过去了，到了深秋，老总在公司里发布招募令，招募英语好的人才毛遂自荐，和他一起去美国。虽然公司里有几个年轻人都是英语八级，但是他们对于商务英语不精通。就这样，这个千载难逢的好机会理所当然地落在了小优头上。小优

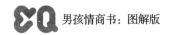

兴奋不已，还特意给保洁阿姨买了礼物，感谢保洁阿姨呢！如果不是因为小优平日里对保洁阿姨很尊重，还主动帮助保洁阿姨打扫卫生，保洁阿姨怎么会留心这个消息告诉小优呢！小优能够得到这样的机会绝非偶然，而是他一直以来待人有礼貌的回报，这也是他高情商的回报。

真正高情商的男孩待人谦逊有礼，他们不需要刻意伪装就能够做到彬彬有礼、真诚友善。正是因为如此，他们才能在不知不觉间结识贵人，得到贵人助力。有些男孩情商很低，只有在得知有好处的情况下，才会假装对他人友善，只是想为自己争取到更多的好处而已。这样的男孩看似精明，最终却会被识破，正应了那句话——聪明反被聪明误。高情商不但是综合智力的表现，也是男孩的品质和本性。当男孩始终致力于提升自己的情商，也始终坚持表现出高情商，他们就会把高情商内化为自己最优秀的品质，并且会因高情商终身受益。

不做低情商男孩，要避开雷区

前文，我们讲述了高情商这一秘密武器，接下来，我们要换一个角度，阐述如何避开低情商的雷区。如果说高情商助力男孩获得成功，给男孩加分，帮助男孩给他人留下良好的印象，那么低情商则会导致男孩遭遇失败，给男孩减分，使男孩给他人留下糟糕的印象。

每个人的情商水平都是不同的，心理学家经过研究发现，大多数人先天的智力水平相差无几，但是为何他们人生的成就却相差迥异呢？就是因为受到了情商的影响。情商低的人不但处理不好人际关系，还有可能因为说出"雷言雷语"而把他人"雷"得"外焦里嫩"，令他人无言以对。人人都喜欢和情商高会说话的人交往，而不喜欢和情商低不会说话的人相处，前者是让自己心情愉悦，后者却是在给自己添堵甚至会让自己特别尴尬和难堪。

男孩要想避免因为低情商而被他人嫌弃，就要在待人处事的过程中有意识地学习说话和做事，懂得人情世故，这样才能在做各种事情的过程中循序渐进地提升自己的情商。要想做到这一点，一定要避开低情商的雷区。

进入大学之后，特特和其他三个男孩成为了室友。刚开始，他们对于"集体生活"都很新鲜，彼此之间也能做到相互包容，相互谦让。随着相处的时间越来越长，彼此之间更加了解，特特与其他男孩的关系就变得微妙了。其他男孩总是躲着特特，不愿意和特特过多沟通和交往，这是为什么呢？原来，特特什么都好，就是情商太低，不会说话。

周末，有个男孩去商场里买了一双运动鞋。这双鞋子可是名牌呢，价值不菲，足足花了男孩399元，还是特价的。回到宿舍里，另外两个男孩都拿着崭新的运动鞋啧啧赞叹，特特回到宿舍里也凑过去看。看到这样一双不起眼的鞋子就要399元，特特当即口无遮拦地说："你肯定被骗了吧，一双运动鞋哪里值399元呢！这个鞋子，在我们老家，也就值99元。"听到特特的话，那个男孩脸色陡变，对特特说："你们老家买的都是冒牌货吧，这双鞋子可是名牌，特价才399元的，平日里要699元呢！"特特不以为然地说："你们啊，就是死要面子活受罪。要是我，就买99元的鞋子穿，剩下300元用来改善伙食，该有多好！"那个男孩一声不吭，再也不愿意搭理特特了，后来整整几天都不和特特说话。

在这个事例中，特特的情商真的太低了。室友的鞋子不管是贵还是便宜，都已经买回来了，而且他自己很喜欢，作为旁观者的特特又何必要给室友泼冷水呢！而且室友说的话也很有道理，鞋子是不是名牌在价格上就相差很多，特特也许是因为自己平日里消费水平低，所以不能理解室友为何要花这么多钱买鞋子。最糟糕的是，他没有把自己的不理解隐藏在心底，而是毫无遮拦地脱口而出，换作是谁，都会因此而生特特的气，说不定下次再有这样的情况时，还是会刻意避开特特，不想给特特任何机会发表看法呢！

其实，特特本心并不坏，他之所以不招人喜欢，就是说话太直接，不会拐弯抹角，也不能区分哪些话能说，哪些话不能说。如果特特能够改变一种说法，以羡慕的语气对室友说："有钱真好啊，能买这么高档的鞋子。我从未穿过这么好的鞋子，可真羡慕你啊！"这样的一句话，会让室友心花怒放，而且也会很同情特特从未穿过名牌鞋子。当然，如果特特不想以这样的方式说得让室友开心，那么他也可以对室友说："这鞋子看起来真棒，真是物有所值，难怪人都说一分价钱一分货呢！"这样中肯的一句话至少不会招室友讨厌。

生活中，很多人都会有"雷人"的言语和举动，这其实是低情商的表现。男孩为了提升情商，学会说话和做事，可以多多观察，留心他人在同样的情况下是怎么说的、怎么做的。相信只要坚持观察和学习，男孩就会进步很快，就会从说话气得人哇哇大叫到逗得人哈哈大笑，从而收获好人缘。

对于为人处世中那些显而易见的雷区，男孩可以多多了解，有意识地避开，这样才能避免说错话或者做错事。对于生活中常见的一些场景，男孩也可以有意识地进行练习，例如思考自己在某些情况下应该怎么做，见到什么人应该怎么说。必要的时候，男孩还可以邀请父母一起进行演练，模拟生活中的一些场景，预先设定该说的话和该做出的举动，从而有效避免因为慌张而说错话或做错事。

高情商让幸福接踵而至

通过阅读前文，相信读者朋友们对于情商都有了一定的了解。此时此刻，你是自信满满地坚信自己是高情商者，还是忐忑不安地意识到自己是低情商者呢？情商的高低只有很小的比例是受先天因素影响的，而绝大比例上取决于后天的成长。不要因为自己情商很低就感到慌乱，也不要认为自己因此就要与幸福绝缘了。只要能从此刻开始有意识地提升自己的情商，你就有希望成为高情商者，也能够在情商方面有更好的表现。只要意识到需要提升自己的情商，一切就都为时不晚。

提升情商说容易很容易，说难也难。

第一步，是要认识到自身的情商很低。很多男孩盲目自信，认为自己在各个方面的表现都很好，情商也很高。在这样的情况下，他们又怎么会意识到需要提升自己的情商呢？这就好比一个人犯了错，只有先认识到错误才能改正错误。如果坚信自己没有错，那么他就不会积极地改正。所以提升情商的第一步，先要认识到自身的情商很低，然后积极地采取措施，进行自我修炼和提升，让自己的情商越来越高。

第二步，要摆正心态。很多男孩看起来人高马大，实际上内心很脆弱。他们从小在父母的呵护与宠爱下成长，从未承受过挫折和打击，更没有吃过什么苦。这使他们一旦遇到小小的困难就想要放弃，不管承受什么坎坷挫折都想逃避。他们沮丧绝望，即使得到他人的鼓励和支持，也不能马上振奋精神，调整好自己的状态，全力以赴去应对。一个人如果不能发自内心地改变，充满希望去努力，那么外界的力量就很难真正驱动他。作为男孩，有这样的积极心态，才能够对提升情商充满信心。

第三步，学会宣泄负面情绪。每个人都会有各种各样的负面情绪，遇到开心的事情，就会产生积极情绪；遇到烦恼的事情，就会产生消极情绪。人的心就像是一个容量有限的容器，如果装满了负面情绪，就没有空间容纳正面情绪了。只有学会宣泄负面情绪，及时排解心中的郁郁寡欢，男孩的心中才有更大的空间容纳幸福、满足、快乐。当男孩学会宣泄负面情绪，他们的心中就不会始终阴云笼罩。他们肯定还会有很多不开心的事情，但是那些糟糕的情绪却会很快消散，从而使他们拥有更多更美好的感受。

第四步，铸造优秀的品格。优秀的品格是人生的基石。如果没有优秀的品格，那么当人面对各种诱惑、挑战或者危机时，他就很容易会放弃原则，放弃努力。人的本性就是趋利避害，人人都爱贪图安逸和享受，而不愿意让自己付出辛苦，承受打击，背负负担。但是，没有谁能够轻飘飘地悬浮在这个世界上，之所以每个人都脚踏实地，就是因为他们都肩负着自己的使命，都要做好自己该做的事情。不管是孩子还是成人，都是如此。所以男孩要想提升情商，必须战胜自己，这样才能摆脱困厄，让人生真的海阔天空。此外，男孩也要养成遵守规则的好习惯。太多的男孩都追求自由，不喜欢被条条框框约束，而实际上绝对的自由是不存在的。每个人都要接受规则的约束和法律的管束，正因为如此，社会生活才如同一架构造精密且复杂的机器一样保持良好运转。反之，如果每个人都无拘无束，享受绝对的自由，那么社会生活就会一团糟，一切都将会无法预期。

做到提升情商的这四个步骤，接下来，男孩才有可能如愿以偿地获得幸福。我们前文曾经说过，幸福是一种很虚幻的感受，而且每个人对幸福的定义都是不同的，这就注定了幸福会以不同的面目出现在我们的生活中。男孩在做到上述四个步骤之后，接下来就要坚持做好自己，要努力实现自己的梦想，尽力满足自己的追求，这样才能获得真正的幸福。

高考结束，杜杜正在准备填报志愿。看到杜杜筛选出来的大学都是离家特别远的，妈妈发愁地说："杜杜，你离开家这么远能行吗？你能照顾好自己吗？"杜杜毫不迟疑地回答："没问题。放心吧，妈妈，我都多大了！"妈妈欲言又止，过了良久才说："去离家近的大学，我和爸爸想你了还能去看你。你报这么远的大学，我和爸爸想你了，千里迢迢的，去一趟太不容易了，你回家也会很辛苦。"看到妈妈红了眼眶，杜杜这才意识到妈妈一方面担心他不能照顾好自己，另一方面是担心自己想杜杜。杜杜是家中的独生子，从小就很懂事，他可不想让爸爸妈妈担心和难过，但是他又真的很想去离家远的地方独立自主地生活。

想到这里，杜杜对妈妈说："妈妈，放心吧，我年轻力壮不怕辛苦，我会经常回来看你们的。我只是去上大学，又不是留在那里扎根了。等我感受几年独立自主的生活后，说不定还会回到咱们省城工作呢，那样就离家很近了。如果我决定留在读大学的城市生活，我也会努力拼搏，等到你和爸爸退休了，我就把你们接到身边。你们给我带孩子，做饭，我呢，就孝敬你们，带你们四处吃喝玩乐，好不好？"听到杜杜把未来描绘得如此美好，妈妈忍不住破涕为笑，说："到时候爸爸妈妈就老了，说不定开始招人嫌弃了。"杜杜假装生气地板起面孔，说："在我心里，爸爸妈妈永远年轻。再说了，我可不是那种娶了媳妇忘了娘的人，我看谁敢嫌弃你们，嫌弃你们就是嫌弃我。"尽管未来不可知，但是听到杜杜的这番"甜言蜜语"，妈妈还是开心地笑了。

很多独生子女的父母都不希望孩子去离家远的地方上大学，但是孩子的想法恰恰与父母相反，他们就像是鸟儿迫不及待地想要飞出鸟笼，只想去更为广阔的天地里尽情地飞翔。作为父母，固然舍不得孩子，却要支持孩子一步一步地走向独立。作为孩子，千万不要在父母面临分别的时候说那些让父母寒心的话。事例中，杜杜说的话就特别好。他先是承诺妈妈自己会经常回家，后又说大学毕业后又可能回到省城工作，最后还说条件好了就把父母接到身边享受天伦之乐。这就给了父母希望，也暂时缓解了妈妈面对分别的痛苦。还没有分别，就已经开始想念，这大概是所有父母面对远行的孩子最真切的感受吧。俗话说，儿行千里母担忧，母行千里儿不愁。作为儿子，应该体谅父母不舍得自己远走的感情。

高情商是生活中必不可少的要素，要想处理好人际关系，要想说服他人，要想让事情更加圆满，我们就必须发挥高情商，与身边的亲人朋友交流，让语言沟通起到更好的效果。在很多情况下，我们都不可能顺心如意，生活总是会给我们出一些难题，让我们不知道如何应对。面对突如其来、令我们措手不及的情况，我们一定不要慌乱，而是要保持镇定，这样才能理性地思考对策，做出决策。

幸福的男孩情商高

情商高的男孩更幸福，这是我们在前文已经验证过的。那么把这句话反过来说，幸福的男孩情商高，这句话是否成立呢？当然成立。这是因为幸福的男孩生活在美好的家庭中，感受着身边人温暖的爱意和关切，在耳濡目染之下，他们渐渐地也就受到身边高情商者的影响，不管是说话还是做事情都越来越通情达理。由此一来，男孩就进入了良性循环的状态中，各个方面的能力都得到增强，各个方面的水平都得到提升。此外，男孩与身边人的关系也是相互成就，彼此支持和助力的。

幸福，是大家都向往的人生状态。我们不能给幸福规定具体的模样，因为每个人对于幸福的定义和标准是不同的，但是每个人在得到满足之后想到幸福的感受却是相同的。例如，一个亿万富翁赚了很多钱所感受到的幸福，却没有一个乞丐得到一碗热粥的幸福更强。由此可见，物质能够给我们带来的幸福取决于我们真正的、迫切的需求。如果我们衣食无忧，那么即使他人给我们更多的物质，我们也不会感激涕零；如果我们缺衣少食，吃不饱，穿不暖，那么即使他人只是给我们一些旧的衣服，帮助我们御寒保暖，我们也会万分感激。

那么，幸福的男孩为何情商高呢？如果男孩自身始终保持幸福的状态，那么在对待他人的时候，他就会以满足自己的标准去满足他人。反之，若男孩自身始终生活不幸，那么那么他们同样会以对待自己的方式对待他人。正是因为如此，那些生活在父母身边的孩子才会心地善良，对人友善，而那些长期与父母分离的孩子，因为从小没有感受到父母之爱，所以他们对待父母和他人都特别冷漠。

高情商的男孩更幸福，幸福的男孩情商更高，他们能够给人以良好的对待，给人以热情的帮助，给人以友善的付出。再举个例子来说。一个男孩家境贫苦，平日里吃不饱饭，常常饿肚子。当有人需要帮助的时候，他会把自己仅剩的半个馒头分给对方吗？他也许会这么做，可惜概率很小。另一个男孩家境殷实，平日里吃喝不愁，每当和父母一起外出看到有人乞讨的时候，他总是慷慨地给乞丐食物或钱。仅从行为表面来看，后者的情商更高。这样的行为将会固化为他的稳定表现，只要生活不会出现大的起伏和巨变，他就会顺其自然地这么去做。

古人云，己所不欲，勿施于人。幸福的男孩恰恰是把自己想要和需要的东西，也慷慨地给予了他人，又因为一直享受舒适的生活，所以他们也会不假思索地去为他人创造这样的条件。正是因为如此，很多穷人家的孩子为人处世略有欠缺，会表现得很吝啬或者小家子气，而那些殷实人家的孩子为人处世则很周到，会表现得很大气或者很慷慨。

作为父母，要想让男孩幸福地生活，做出更加出色的表现，就尽量不要在生活方面让孩子感到拮据。如今，大多数人家生活条件都很好，父母通常也不会苦了孩子。父母除了要为孩子提供优渥的生活条件之外，还要注意一点，那就是要为孩子做好榜样。有些父母本身做事情就过于节俭，舍不得花费更多的财力和物力，这无形中会给孩子带来负面影响。

晚餐时分，全家人都围坐在餐桌旁，吃着妈妈精心烹饪的一荤一素两个菜。爸爸突然说："这个周六，我们单位的小丽结婚，给每个人都发了请帖。"爸爸话音刚落，妈妈大呼小叫道："这些人可真是不自觉，结婚就结婚呗，人家结婚他们都没去，自己结婚却要通知别人出礼金，喝喜酒，不就是想要钱么！"听到妈妈说得这么难听，爸爸说："话也不能这么说。人家未必是想赚钱，只是借着结婚这个机会让大家都聚在一起玩一玩，开心开心。礼金不用多，二百就行了，只是凑份子吃饭，混个热闹而已。"妈妈反驳道："二百还不多，你以为自己是大款吗？这里二百不多，那里二百不多，一个月的工资马上就光了。"

听着爸爸妈妈沟通，鹏鹏突然说："爸爸妈妈，我的同桌下个月也要过生日，原本还邀请我去他家呢！我看我也别去了，去了还得买礼物，我过生日的时候没请客，他也没送我礼物啊！"爸爸对鹏鹏说："鹏鹏，账可不能这么算。你过生日人家没送礼物，是因为咱们没有邀请人家，人家也不知道你过生日。你带着礼物去给同学过生日，不仅能增进与同学的感情呢，你们之间的关系还会变得更加亲密无间，你在学校里也会更开心。不要心疼买礼物的钱，你去同学家里的时候，还会与同学分享蛋糕和各种美食呢！人与其他人之间一定要有交往，否则就会变成孤家寡人一个。"妈妈也意识到自己刚才的话给鹏鹏造成了困扰，赶紧对鹏鹏说："鹏鹏，爸爸说得对！不要心疼那点儿小钱，同学情谊最重要。"

在幸福的家庭里，孩子会学习父母，把很多事情都做得更周到。如果爸爸妈妈因为一些小事情，尤其是因为钱财而发生分歧，那么孩子就会感到很困惑，甚至会出现社交退缩行为。父母是孩子的第一任老师，也是孩子最直接的榜样，孩子则是父母的镜子，孩子的言行举止都反映了父母的样子。明智的父母每时每刻都会给孩子树立好榜样，对孩子施加积极的影响，这对于孩子的健康成长至关重要。

现实生活中，很多人在面临重要的抉择时都会感到困惑，

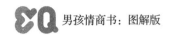

他们也会因为被错误的思想蒙蔽而鼠目寸光。做人一定要有大格局，要有更高的视角和更远大的目标，这样才能让自己始终都立志高远，始终都慷慨大气。小家子气的男孩看起来很节俭，实际上他们会为了节省很少的金钱而丧失很多的机会，也不能与他人之间建立良好的关系，可谓得不偿失。

第03章

善于自省，了解自己更能让情商提升

每个人的内心深处都隐藏着大秘密

现实生活中，很多人都有神秘的第六感。第六感，就是直觉，在很多情况下，都能给人以强烈的指示意味，帮助人们渡过难关。有些女孩的第六感特别强烈，这与女性心思细腻、情感敏锐是密切相关的。不过，这并不意味着第六感是女孩的特权，男孩只要提高情商，用心细致地观察，全力地投入思考，就有可能获得直觉的指引，发现自己内心深处隐藏着的大秘密。

记得曾经有一首歌唱道"跟着感觉走，紧抓住梦的手"。然而，有的时候只是依靠感觉做出判断和抉择是不可行的，还应综合理性地思考。所以，男孩既要保持感情，也要坚持理性，要更加深刻地认知自我，反思自我。

那么，第六感觉为何叫第六感觉呢？第六感觉的得名，是因为直觉排在听觉、视觉、嗅觉、味觉和触觉之后。在一般情况下，第六感觉并不像前面的五种知觉一样是非常具体的，而是一种超感觉力。例如，有些人在即将发生不好的事情时会有不好的预感，而后事情的发生又验证了他们的担心和不安。这就是第六感觉的神奇作用。从某种意义上来说，第六感觉也是人心深处的大秘密。如果男孩能够及早感知到这个秘密的存在，在很多时刻里能够凭着神奇的感觉而提前做好准备或者避免糟糕的事情发生，那么结果就会变得不同。

作为情商之父，丹尼尔·戈尔曼的直觉就很强烈，他甚至能够凭着直觉避开灾难，防止悲剧发生。这种神奇的力量仿佛是超自然的，隐藏在我们内心的秘密之中，迄今为止依然有很多心理学家致力于研究第六感，想要揭开这个秘密。

在现代的社会生活中，很多人都特别看重人际关系，这就要求人们必须更加关注自身的情感，也要更加敏感地觉察他人的情感，这样才能让交往更加顺利，让人与人之间的感情更加深厚。在直觉的辅助作用下，我们不但能够做到与自己友好相处，也能做到与他人友好相处。也可以说，直觉是一把钥匙，能够打开情绪宝藏，也能够让我们与人相处时，游刃有余。

周五晚上，下了整整一夜的鹅毛大雪，周末清晨推开门窗，就看到地面上覆盖着厚厚的白雪，大地就像盖上了最松软厚重的鹅绒被。原本，爸爸妈妈计划带着果然去公园里玩呢，现在看到天气这么寒冷，路面条件也很糟糕，不由得有些犹豫。思来想去，爸爸说："反正雪已经停了，不如我们还是去吧。"这个时候，果然却说："我不想出去，外面太寒冷了，而且地面也很滑。"听到果然的话，妈妈问果然："这可是你不想去的啊，别又说爸爸妈妈不守诺言啦！"果然点点头，毫不迟疑地说："这样的地面真可怕，就像是穿上了一层冰衣，肯定很湿滑。我记得去公园的路上还有一段弯路呢，开车也不安全。"在果然的坚持下，爸爸妈妈很开心地留在家里，享受着暖气。

中午时分，爸爸打开电视看本地的新闻，突然听到一个消息。原来，就在他们去公园必须经过的弯路上，好几辆车发生了连环追尾，有一辆车还因为躲避不及掉落山谷了呢！爸爸当即把这个消息告诉了妈妈和果然，妈妈心有余悸地说："太可怕了，幸亏我们今天没去公园，否则说不定也会发生剐蹭。"爸爸说："这都要感谢果然啊，是果然坚持不去公园的。"果然不好意思地说："我其实很愿意去公园玩，就是今天感到很担心，觉得在这样的冰天雪地里开车出行很危险。"爸爸由衷地对果然竖起大拇指："果然，看来你的第六感很强烈啊！"

妈妈还告诉果然："有的时候，人的第六感是很灵的。不过，你要注意区分恐惧与第六感。如果第六感很强烈，就要避免做一些危险的事情。如果只是因为恐惧，那么在保证安全的情况下是可以尝试的。"果然点点头，说："反正以后也可以去公园，没有必要急于一时。"爸爸妈妈不约而同地点头表示赞同。

直觉有时是很强烈的，有时是很微弱的。有些人在产生直觉之后，却丝毫不把直觉放在心上，有些人却能捕捉到微弱的直觉，及时做出明智的决定。当然，直觉也不完全是天生的，与后天的仔细观察和经验积累都是密切相关的。一个人如果不能做到密切观察，就无法准确地把握直觉；一个人如果不能及时捕捉直觉，就无法避免一些本可以避免的不幸或灾祸。需要注意的是，有些科学家已经通过长期观察和研究证实了第六感的存在，所以男孩们不要觉得第六感是子虚乌有的，而是要有意识地培养自己的第六感，发挥第六感的强大力量。

在日常生活中，男孩还要学习更多的知识，及时捕捉到危险的讯号。有些男孩大大咧咧，对一切事情都粗心大意，这使得他们不管做什么事情都马马虎虎，根本不能做到关注细节。毫无疑问，第六感要建立在观察和把握细节的基础上。因而第六感与情商之间的关系也很密切，高情商的男孩能够更好地体察自身和他人的情绪与感受，第六感也是更为强烈的。男孩的情商越高，他们就越是能够洞察第六感的秘密。

做好自己，尽显魅力

每个人最大的成功是什么？不是获得自己想要的一切，不是吸引他人羡慕的目光，而是能做好自己，活成自己最好的样子。遗憾的是，很多男孩对自身都不太满意，他们或是觉得自己长得不够高，或是觉得自己不够聪明，因而无法做到在学习上出类拔萃，又或是对自己的家境不满，抱怨父母没有给自己提供更优渥的条件。总而言之，他们很少能够看到自己的优势和长处，反而认为自己一无是处。从心理学的角度而言，自我暗示的作用是非常强大的，如果男孩始终都在暗示自己做得不够好，同时认为自己没有优点和长处，那么他们不但会失去自信心，还会真的变得越来越糟糕。每个人要想取得进步，想成就自我，就必须先自我认可与肯定，既不要盲目乐观，狂妄自大，也不要盲目悲观，妄自菲薄。只有无条件地接纳自己，悦纳自己，我们才能客观中肯地评价自己，认定自己，也从而起到积极的作用，让自己有更好的成长和表现。

那么，什么叫作悦纳自己呢？所谓悦纳自己，不仅仅是要全盘接受自己，还要能够怀着喜悦的心情肯定自己，这样才能做到自我欣赏，自我督促，自我进步。反之，如果男孩总是时时处处看自己都不顺眼，又因为羡慕他人而盲目改变自己，想让自己变得和他人一样，最终的结果就是非但不能做好自己，反而还会遗忘自己本来的样子，最终既不能做好自己，也不能变成他人。退一步而言，一个人即使真的靠着模仿他人而获得了成功，也不能算是获得了真正意义上的成功，因为他们做的不是最好的自己，而是把自己变成了他人的复制品。

古人云，金无足赤，人无完人。在这个世界上，绝对完美的人根本不存在。每个人都既有优点，也有缺点。我们既不要因为自己具备某些优点就变得狂妄，沾沾自喜，也不要因为自己有一些缺点就自卑，丧失信心；我们既不要将自己的优点和他人的缺点比较，也不要将自己的缺点与他人的优点比较。只有客观中肯地认知和评价自己，摆正自己与他人以及整个世界的关系，我们才能获得良好的发展和长足的进步。

尤其是对于男孩而言，更是要有自己的主见，也要坚持做好自己。如果在与人交流的过程中总是人云亦云，那么这非但不能讨好他人，反而还会给人留下墙头草的糟糕印象。如果在面对重要的决策时总是不能坚持做好自己，那么就会因为犹豫不决或者其他原因而错失良机。作为父母，在教育男孩的过程中，不要总是给男孩规定很多条条框框，而要给予男孩更多自由的空间，让孩子快乐成长。父母还要有意识地培养男孩的积极性和主动性，这样男孩才会成为更好的自己。

索菲亚·罗兰是意大利著名的女演员。在刚刚进入影视圈的时候，她并不被看好，这是因为她的臀部太过肥硕显得她身形健硕，而鼻子又过于坚挺，让她的面部线条非常生硬。虽然导演建议她进行整容手术，但是她坚决拒绝了。她说："我可能不符合大众的审美标准或者演艺圈的审美标准，但是我是我自己，我即使变得再美，也不再是自己，那又有什么意义呢？"正是凭着这样的自信，索菲亚·罗兰才会被誉为最具自然美的女星，在演艺圈里打拼出属于自己的广阔天地。

很多人都喜欢好莱坞功夫巨星史泰龙，很少有人知道史泰龙在出生时由于损伤了面部神经而导致面瘫。换作其他人，也许会因此放弃演艺圈的梦想，但是史泰龙却丝毫没有因此自卑，反而成为举世闻名的巨星。这与他坚持自己的梦想，坚定不移地做好自己是密切相关。还有美国演员彼得·丁克拉格，因为先天软骨发育不全，身材矮小，但是他依然充满信心地向着演艺圈进发，最终得到了很多观众的喜爱。

这些明星的事例告诉我们，敢于去想，敢于去做，并且坚持做好自己该做的事情，就能战胜一切困难，就会距离自己的梦想越来越近。心理学家经过研究发现，大多数人的先天条件相差无几，那么为何有的人能够获得成功，有的人却默默无闻，还有的人总是被失败纠缠呢？这与人们能否坚持做好自己有很大关系。如果因为自身的一些不足，还没有努力呢，就已经放弃了，那么最终只会一事无成。很多人不是被失败打垮，而是因为缺乏自信让自己彻底失去了所有的机会。男孩只有坚持做自己，才能勇敢地追梦，即使面对艰难坎坷也决不放弃，坚持笑到最后，才是笑得最好。

男孩还要做真实的自己。有些男孩思虑比较重，想哭的时候不敢哭，想笑的时候不敢笑。他们过于看重他人的看法和评价，宁愿为此而委屈自己。不得不说，这同样是会让男孩失去勇气，被打磨掉棱角，无法做自己的。父母要为孩子营造民主平等的家庭氛围，孩子只有在家庭生活中有地位，用于表达自己的想法和看法，将来在走出家庭，走入社会生活中之后，才能成为独立自主、自尊自主、自信自强的生命个体。

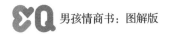

吾日三省吾身

古人云，吾日三省吾身。这句话告诉我们，一个人不管做什么，都要坚持自我反省。世界上，从未有人是绝对完美的，更没有人从不需要反省自己。每个人都会犯错误，犯了错误之后如果毫不自知，那么就不可能积极地改变自己。只有先意识到错误，我们才能思考如何改正错误，承担责任，弥补自身的缺点和不足。反之，如果明明做错了事情，却坚持认为自己是正确的，也不愿意接纳他人的任何意见和看法，哪怕被指出错误，也依然认为自己没错，那么这样的固执己见且执迷不悟者永远也做不到知错就改，坚持进取和成长。

每个人都需要若干面镜子。每天早晨起床之后洗漱，镜子能帮助我们看到自己的脸上有没有污渍，妆容是否得当；在离开家门之前，我们还要照一照穿衣镜，看看自己的穿衣打扮是否得体。这两面镜子都有助于帮助我们保持良好的形象。除此之外，我们还需要一面最重要的镜子，那就是反观自身的镜子。很多时候，他人明知道我们做错了事情，因为担心我们会恼羞成怒，如果关系不够亲密，也不会为我们指出来。人又常常会犯"不识庐山真面目，只缘身在此山中"的错误，因而人很难觉察到自己的错误。在这样的情况下，只能有意识地进行自我反省，这样才能保持对自我的觉察，每当有了错误就及时改正。

每个人都应该和童话故事《白雪公主》中的后妈一样，有一面忠心耿耿的魔镜。每当我们有意识地进行自我反省，询问魔镜我们是否有哪里做错了或者做得不好，魔镜都会给出中肯的回答。当然，人是主观动物，难免会陷入主观的怪圈中无法自拔，在这种情况下，我们还应该保持从谏如流的良好心态。古时候，高高在上为君主尚且还要听从大臣的劝谏，更何况是我们呢？

唐朝时期，魏徵是个直言不讳的谏臣。每当唐太宗有过失的时候，很多大臣心知肚明却不敢严明，唯独魏徵总是把自己的生死置之度外，提醒唐太宗："水能载舟，亦能覆舟"，告诫唐太宗要战战兢兢地治理国家。

有一次，魏徵激烈进谏，唐太宗怒火中烧，一边怒不可遏地冲回寝宫，一边高声喊着："早晚有一天我要杀了这个老儿！"

看到唐太宗暴跳如雷的样子，长孙皇后担心唐太宗会因此大开杀戒，因而赶紧换上朝服，跪唐太宗，恭贺道："恭喜皇上！贺喜皇上！"唐太宗的怒气还没有消呢，看到长孙皇后做出这样的举动，又在真心诚意地恭贺他，不由得感到莫名其妙，问道："何喜之有？"

长孙皇后毕恭毕敬地回道："皇上，自古以来都是先有明君，才有谏臣。如今，有大臣在您面前直言不讳，忠心进谏，这恰恰说明您是千古明君啊！"长孙皇后话音刚落，唐太宗就转怒为喜。正是因为有魏徵这样的忠臣，唐太宗才能开创贞观之治。

后来，魏徵去世，唐太宗哀伤不已，痛哭

道："以铜为镜，可以正衣冠；以史为镜，可以知兴替；以人为镜，可以明得失。"

一代明君唐太宗尚且需要魏徵这面镜子，我们怎么能没有一面镜子呢？只有这样才能保持良好的自我形象，也才能始终知道自己的言行举止是否得当合理，也才能鞭策、激励和督促自己做得更好。

在成长的过程中，男孩一定会犯各种各样的错误，这是因为犯错是成长的常态，也是每个人成长的必经之路。有些男孩因为处于青春期，情绪容易激动，内心非常焦虑。在这样的情况下，如果总是不能控制自己，任由自己肆意去做一些事情，那么很有可能因此而追悔莫及。明智的父母会有意识地培养男孩的自我反省的意识，帮助男孩养成常常进行自我反省的好习惯，这样男孩才能意识到自己的缺点和不足，也才能始终坚持改进自己的行为举止。必要的时候，父母还可以以恰当的方式为男孩指出错误，告诉男孩应该如何去处理一些问题才会有更好的结果。孩子并非生而就思虑周全，面面俱到，而是需要一个过程才能学到更多的知识，积累更多的人生经验，从而让自己考虑更加周到，处理事情也更加圆满和妥善。

周五傍晚回到家里，小伟满脸通红，似乎要哭出来了。他一边走到家里，一边怒气冲冲地说："我以后再也不和小涛玩了，他就是个叛徒。"妈妈正在厨房里做饭，听到小伟的话，她不知道发生了什么事情，正准备问问小伟事情的经过呢，小伟已经回到房间里关上了门。妈妈转念一想："小伟情绪很激动，就先让他冷静冷静吧！"

很快，妈妈做好饭，喊小伟吃饭。小伟看起来依然闷闷不乐，妈妈装作漫不经心的样子问："你和小涛闹别扭呢？"小伟生气地说："我告诉他的秘密，千叮咛万嘱咐让他不要告诉别人，他转脸就给说出去了，现在全班同学都在笑话我。"妈妈不想打探小伟的秘密，而是对小伟说："小伟，那么在这件事情中，你觉得你有没有失误呢？"小伟不假思索地说："我有没有泄露他的秘密，我有什么错误呢！"妈妈继续引导小伟："那么，这个秘密，是必须告诉小涛吗？"小伟想了想说："不是必须的，我是相信小涛才告诉他的，他辜负了我的信任。"妈妈说："一个秘密，一旦自己亲口说出去，就要做好准备去面对谣言满天飞的局面。有的时候，别人是故意说出你的秘密；有的时候，别人是无意间泄露了你的秘密。我倒是想建议你，对于不是必须告诉别人的秘密，要想保密，最好的方法就是谁也不说，明白吗？一旦说了，秘密泄露出去，不能只怪别人，而是应该反思自己下一次如何避免发生同样的情况。"小伟沉思许久，终于释然了，便对妈妈说："妈妈，你说得有道理，要是我不告诉小涛这个秘密，别人也就不会知道

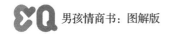

这个秘密了。"从此之后，小伟学会了把握好与人交往的限度，总是管好自己的嘴巴。

在这个事例中，看到小伟生好朋友小涛的气，妈妈没有和小伟一起指责小涛，而是告诉小伟深刻的道理，让小伟能够把握好与人相处的限度。妈妈说得很对，有些时候，谣言并不是他人说出去的，而是由我们自己泄露秘密引发的。对于能告诉他人的事情，我们无需要求他人保密；对于不能告诉他人的事情，我们最好守口如瓶。不仅保守秘密如此，对于很多事情都是如此。

每个人都需要反省，因为反省是进步的阶梯。只有通过反省，我们才会知道自己哪些事情做得好，哪些事情做得不好，也才会知道自己有哪些地方需要改正，又有哪些地方需要完善。现实生活中，不管是成人还是孩子，他们都生活在人群之中，都需要与他人保持适当的距离，要想维持良好的交往，就更是要保持人际交往的界限，从而坚持自我进步，实现自我成长。

男孩们，要想提升情商，就从坚持自我反省做起吧。自我反省不但能够让你们更好地与自己相处，也能帮助你们更好地与他人相处。当你们在坚持自我反省的过程中不断地改进自己的言行举止，让自己变得越来越优秀时，相信你们不管走到哪里都会受人欢迎，也一定能够如愿以偿地拥有美好的人生！

学会反问

在养成了反省的好习惯之后，接下来，男孩需要学会反问。前文，我们讲述了反省的重要性，那么要以怎样的方式进行反省呢？如果找不到合适的方式进行反省，反省的效果就会很差。反问，就是反省的好方法之一。只有掌握合适的方法和技巧，我们才能坚持进行反省，也才能让反省起到良好的效果。所谓反问，就是自己问自己，既可以在一日开始的时候进行反问，引导自己认真地想一想这一天该怎么度过，也可以在一天结束的时候进行自我反思和总结，反省这一天的得失。

尽管人人都祈愿岁月静好，但是现实却是残酷的，它很难像我们所希望的那样保持美好。生活如同一条河流，时而风平浪静，波澜不惊，时而也会掀起巨浪，让我们不知道如何去应对。有的时候，面对突如其来的打击，人们往往不知道应该做何反应，内心也会感到彷徨，甚至手足无措。没有人能够对生命中的一切境遇都提前做好准备，每个人唯一能做的就是调整好自己的心态，尽量平和应对。对于自己在事发当时没有处理好的问题，没有及时做出的举措，事后可以进行反思，以反问自己的方式引导自己更深入地思考，最终明确怎么做才会更好。也有些人根本就不了解自己。正如一首歌所唱的，每个人对于自己而言都是最熟悉的陌生人，平日里看似对自己很了解，实际上当事发突然的时候，却对自己的举措感到特别陌生。每当这时，我们就要坚持以反问的方式拷问自己的心灵，也要以反问的方式引导自己更深入地了解自己，把很多事情做得更好。

在日常的生活中，很多人都迷恋幸福与快乐，有些人甚至假装自己很快乐。有些事情尽管残酷，但是还是需要我们勇敢面对的。作为男孩，要有勇气深度剖析自己，积极地展开自我批评，也要在自己犯了严重错误的时候坚持原则，严肃地批判自己，这样才能反省到位。如果总是敷衍了事，蜻蜓点水，对他人很严厉，对自己却总是很宽容，这样就会越来越无法狠下心来对自己进行反思。作为高情商的男孩，既要有理智，也要有感性。在关键时刻，还要让以理智战胜自己的感情，让自己能够始终保持清醒，做出明智的抉择。

大学毕业后，小林运气很不错，找到了一份与大学专业对口的工作，薪水也还可观。唯一的不好是，小林的工作需要频繁地出差，去全国各地为公司的客户提供技术支持。单身的时候，小林并不觉得这份工作有什么不好，毕竟一人吃饱全家不饿，每当出差的时候，收拾一个简单的背包就可以出发了。但是，在结婚生子之后，小林意识到自己的工作性质决定了他不能很好地照顾家庭。在小林出差期间，有一天晚上孩子发烧了，妻子不得不独自一人大半夜带着孩子去医院。半夜三更，孩子终于输着液睡着了，妻子给小林打电话号啕大哭。这让小林开始反思自己的工作，也反思自己对家庭的付出。

正在此时，有个机会去国外三年，回来之后就可以得到晋升，也就不用出差了。想到自己出差，妻子就已经很为难了，如果出国三年，妻子岂不是更加难熬吗？小林不假思索地否定了这个方案。没想到，妻子在得知这个消息后，却很支持小林出国三年。妻子说："你如果不出国，很难得到晋升的机会，换工作又不容易，那就还得出差。你隔三差五地出差，孩子不会每次生病都赶上你在家的时候。你还不如走三年呢，这样回来就可以升职，也就不用再频繁出差了。"妻子说得也有道理，但是小林担心妻子很难带着孩子熬过这三年。他问自己："我愿意一辈子都出差，当技术顾问吗？"答案是否定的。小林又问："我现在上有老下有小，我能轻易地辞职换工作吗？"答案也是否定的。小林反问自己："难道我只是想一想，就能改变现状吗？"答案当然还是否定的。在连续得到否定的回答之后，小林终于下定决心，对妻子说："那我就拼搏三年。出国三年，每半年都可以回来一个月。平日里如果你实在忙不过来，就让我妈从老家过来帮忙吧。"妻子咬紧牙关点点头，她憧憬着小林出国回来得到晋升后的好日子呢！

在这个事例中，小林和妻子都是拎得清轻重的，也很明白必须当机立断下定决心才能改变现状。正是因为如此，小林才在妻子的支持下最终决定出国。作为男孩，一定要有决心有毅力，在紧要关头还要有魄力，而不要优柔寡断，错失良机。很多时候，人生的转折点未必出现在那些重大的时刻，命运常常会因为我们一个无意间做出的决定而发生转折。

当不知道自己内心真实的想法时，我们就要狠下心来对自己进行灵魂拷问，从而知道自己真正想要的是怎样的生活，真正想要达到的又是怎样的目的。如果觉得只是对自己提出疑问，并不能帮助自己解答心中的疑惑，那么不妨以反问的方式来询问自己。和普通的疑问相比，反问带有更强烈的语气，对问题的挖掘也更加深入。

现实生活中，每个人都承受着巨大的压力，成年人为了维持生计而努力，年轻人为了发展事业而努力，孩子为了学习而努力。没有谁能够完全轻松地生活在这个世界上，作为男孩，不但要有高智商，还要有高情商，这样才能拥有更好的发展，也才能获得幸福的生活。尤其是在面对生活的琐碎时，如果没有目标和方向，就会庸庸碌碌一事无成，只有明确目标和方向，一切才能进展更加顺利，未来也才更值得期待。

坚持反思，努力进取

人人都想过安逸舒适的生活，而不想过捉襟见肘、提心吊胆、吃苦受累的日子。然而，我们并非能做到凡事想一想就能获得成功，也并非逃避就能彻底躲开失败。尤其是面对人生中突然发生的很多事情和突如其来的打击时，就更是考验男孩的勇气和力量。

真正勇敢的男孩，在生命的历程中，不管怎样付出，也无论得到了怎样的收获，始终都能坚持反思，坚持进取。当然，男孩也许会因为自身的局限，而无法在最短的时间内实现自己的人生目标，这没关系。高情商的男孩有极大的耐心，他们知道自己并非生而就会做很多事情，更非生而十全十美，所以他们选择正视自己的缺点和不足，也在坚持反思和进取的过程中获得进行，获得成长。

在现实的世界中，每个人都是独立的生命个体。虽然有的人能力很强，而有的人能力比较弱，但是强和弱并不是一成不变的，而是随着生命历程的不断向前推进，发生着变化。那么我们就要扮演好生命的角色，要分得清轻重主次。有些男孩之所以忙忙碌碌却一事无成，就是因为他们拎不清事情的轻重缓急，不知道自己应该重点或者首先做什么事情，这就使得他们生活混乱，也没有把有限的时间和精力用到该用的事情上。还有些男孩缺乏决心和毅力，在还没有开始做一些事情之前，就因为害怕而选择了彻底放弃。虽然放弃帮助男孩避免了失败，但放弃也使男孩彻底失去了成功的任何可能。所以男孩在坚持反思的过程中，还要鼓起信心和勇气勇敢地去做，这样才能把很多事情都做得更好，也才能让自己的未来拥有更多创造奇迹的可能。

当然，人人都想获得成功。在感受到成功的喜悦时，男孩往往非常自信，也特别勇敢。而一旦遭遇失败的打击，面对挫折和磨难，有些男孩因为内心不够强大，就会如同泄了气的皮球一样，马上不知道如何是好。其实，有成功就有失败，即使是能力再强的人，也不可能总是成功。正如人们常说的，失败是成功之母。当我们能够摆正心态面对失败，当我们能够踩着失败的阶梯不断努力向上，一切都会变得不同。没有谁的人生会是一帆风顺的，我们只能靠着拼搏与努力去缩小现实和理想之间的差距。即使空想一百次，也不如真正地展开行动去做一次来得更好。

高情商的男孩尽管会督促自己追求成功，却不会盲目地追求完美，更不会盲目地对自己提出各种苛刻的要求。他们会更理性地看待自己，分析自己的优势和长处，认清自己的劣势和短处，也能够做到扬长避短，取长补短，从而让生命变得更加充实美好，让自己更有可能获得成功。

人人都能面对成功，却只有真正内心强大的人才能坦然面对失败。作为高情商的男孩，还要主动认清楚自己的缺点，做到弥补缺点，改正错误。在人际相处的过程中，有些男孩因为喜欢攀比，所以渐渐地形成了爱慕虚荣的缺点。不管是做人还是做事，都要脚踏实地，而不要总是华而不实。记住，不管在什么情况下，逃避都不能解决问题，只有勇敢面对，才能做到积极地改进，才能圆满地处理好各种问题。

那么，男孩应该如何反思呢？

首先，每做一件事情之前，都要三思而后行。只有深思熟虑，才能尽量做到面面俱到地考虑问题，也才能做到把事情做得更加周全。否则，一旦出现纰漏，再想补救就会很难。

其次，不管是犯错了还是失败了，都不要慌乱，而是要始终坚持反省自身的言行举止。如果自己看不清楚自己，不能及时发现不足和缺点，还可以多多听取他人的意见，采纳他人的建议，从而避免故步自封。

再次，怀有开放的心态，坚持与时俱进。现代社会发展的速度很快，作为男孩要有大格局，要有开阔的胸怀，尤其是要打开自己的视野，让自己看得更高更远。如果总是拘泥于已有的经验，从来也不愿意进步，那么长此以往就会变得陈旧、迂腐和落伍。

最后，男孩要多多观察他人的言行举止，从而反观自身。一个人看自己很难看得清楚，但是看他人时却会发现很多的优势和劣势。男孩要想更好地认知自我，就应该经常认真细致地观察他人。每个人都需要获得人生的经验，但是这些经验并非都是亲身经历才能得来的。作为男孩，可以思考他人的经历，也可以多读书，开阔眼界，与书中的人物同呼吸共命运，会感到仿佛自己也亲身经历了书中人物所经历的一切。

第 04 章

调整情绪，

神清气爽的人生更顺畅

坦然面对情绪的阴晴

　　人的情绪就和天气一样，也是有阴晴的。人们常说，五月的天，孩子的脸。虽然男孩的情绪并不像女孩的情绪那样反复多变，但是男孩的情绪也是有阴晴的。有些男孩性格外向，大大咧咧，属于粗犷型，而有些男孩性格内向，心细如发，甚至比女孩更加多愁善感，因而情绪也就会更加瞬息万变。

　　情绪的变化是很细微的，有些男孩前一秒还情绪大好呢，后一秒就有可能因为想起不开心的事情或者受到了打击而情绪低沉失落。大多数男孩情绪上的变化都是有原因的，当然也有少部分男孩情绪的变化毫无缘由。这意味着尽管绝大部分男孩都没有那么善变，但是也有极少数男孩也还是很善变的。在这种情况下，男孩必须了解自身的情绪，把握情绪的周期，才能做到防患于未然，在情绪发生之前就提前做好准备，也在情绪发生的过程中学会排解负面情绪，从而尽量保持平和的心态。

　　通常情况下，不管是男生还是女生，都会有情绪的变化，因为不稳定正是情绪的重要特点之一。有的时候，男孩的情绪变化并非单纯源于内心，而是因为受到身边的人和事发展变化的影响。例如，有些男孩小学阶段并不看重学习成绩，进入初、高中阶段后，他们越来越懂事，希望自己能够取得良好的成绩。在这种情况下，一旦成绩出现波动，或者没有达到他们的预期，他们就会郁郁寡欢。尤其是青春期或者是性格内向敏感的男孩，情绪很容易受到外界事物的影响，就更是要把握情绪的晴雨表，调整好自己的情绪，保持心情愉悦。

看到这里，也许有些男孩会觉得情绪很神秘，因而对控制情绪产生畏惧心理。其实，尽管情绪反反复复，容易出现变化，并不意味着情绪没有规律可言。世界上的万事万物都有规律，情绪也是如此。男孩只要关注自身的情绪变化，就能够以有效的方式调整情绪，渐渐地就会成为情绪的掌控者。有些男孩还能够捕捉到情绪变化的微妙预兆，这样在把控情绪的时候就会更加得心应手。细心的男孩还会发现，不同的情绪有不同的表现特点，即使是同类的情绪，情绪的强烈程度也会有所不同。

只有消除消极悲观的情绪，让心中充满了积极乐观的情绪，才能始终保持好情绪。当产生负面情绪的时候，男孩切勿悲观绝望，也不要因此而陷入沮丧的状态之中。有些男孩一旦不如意，就会如同霜打了的茄子一样，提不起精神，勇敢面对自己的境遇。其实，这样的想法是完全错误的。正如人们常说的，心若改变，世界也会随之改变。对于男孩而言，只有先改变自身的心态，才能驱散心中的阴霾，拥有更明媚灿烂的心情。不管遇到怎样的事情，也不管正在承受怎样的痛苦，既然抱怨总是无济于事的，我们就应该勇敢坦然地面对。

除了要排解负面情绪之外，男孩还要控制好冲动，切勿在冲动情绪的驱使下，做出一些失去理性的事情来。常言道，冲动是魔鬼。人们之所以如此抗拒冲动，就是因为知道冲动会导致悲剧。古往今来，很多惨剧的发生都与冲动脱不了干系。从心理学的角度而言，一个人一旦陷入冲动的状态，被愤怒冲昏了头脑，智商就会瞬间降低。与此恰恰相反的是，我们必须保持心情平静，情绪愉悦，才能保持理智，从而更加冷静地思考问题。

在这个世界上，每一个独立的生命个体都有自己的情绪。作为男孩，要想提高情商，要想更好地控制情绪，首先必须了解自身和自身的情绪。要做到这一点，就要客观认识自己，中肯评价自己，既不因为自己有所优势和长处而沾沾自喜，也不因为自己有所劣势和短处而懊丧不已。很多人都对情绪不够了解，这并非因为情绪高深莫测，而是因为他们根本没有意识到自己只有深入了解情绪才能更好地把控情绪。情绪就像是一匹野马，我们只有顺服情绪，才能驾驭情绪；反之，我们一旦成为情绪的奴隶，被情绪奴役，就会彻底向情绪缴械投降。

有些男孩之所以容易受到情绪的影响，被情绪控制，还有可能是因为他们很爱面子。所有的男性都爱面子，男孩更是如此，他们情绪很容易激动，也把情绪看得更重要。现实生活中，很多男孩都死要面子活受罪，总是被自己的情绪逼到死胡同里。当心中真正想得开放得下之后，男孩的情绪也就会得到舒展，而不会一直别扭着。情绪就像是我们心中的河流，只有静水流深，我们整个人才会更加舒畅。

坚持自我管理

很多男孩只要听到管理这个词语，当即就会想起板着面孔、一脸严肃的老师，或者是高高在上、颐指气使的领导。其实，所谓管理，并不全都是上对下进行的，也并不都是来自外界的强制规定和要求。真正高级的管理是自我管理，因为当男孩坚持进行自我管理时，不管是作为老师还是作为领导，也就没有必要再管理男孩了。对于每一个男孩而言，最大的敌人是自己，当男孩控制好情绪，坚持进行自我管理时，他们在很多方面的表现都会得到大大提升，也就不需要一直得到外部的管理了。

说到这里，也许有些读者朋友会觉得不理解：我们只要想到就会去做，自己管理自己不是多此一举吗？的确，想到是做到的第一步，但是做到未必是想到的第二步。很多人在理性上知道自己应该怎么做，但是一旦事到临头就会头昏脑涨，根本不能督促自己坚持努力和付出。这是因为他们还没有形成自我管理的意识，也没有养成自我管理的好习惯。只有坚持做到这一点，男孩才能距离自己的目标越来越近，也才能真正地获得成功和幸福。

如今，越来越多的人意识到，每个人对于成功都有自己的标准，也都有自己的目标和追求。有人希望能够赚取大量金钱，有人想要获得高官厚禄，有人想活得闲云野鹤、无拘无束，有人就喜欢中规中矩、按部就班地度过一生。不管想要怎样的人生，都要有目标和方向，否则只是迷惘地往前奔跑，最终往往会导致事与愿违。其实，无论追求怎样的目标，我们的终极目标都是获得幸福。提高情商，坚持进行自我管理，就是获得幸福的必经之路。

当然，世界上没有不劳而获的好事情，也没有人能够一蹴而就获得成功。追求成功的道路是漫长的，在奔向成功的过程中，我们不但要付出努力，还要平衡自己的内心，更是要管理好自己，督促自己始终努力向上，全力拼搏。

升入初中之后，妈妈决定不再像小学阶段那样凡事都管着乐乐，并且和乐乐达成共识：乐乐只要能自己管理好自己，妈妈很愿意当甩手掌柜的。第一次获得了管理自己的自主权，乐乐开心极了。妈妈询问乐乐是按周拿生活费还是按月拿生活费，乐乐当然愿意一次性拿到一个月的生活费啦！妈妈提醒乐乐："这个生活费可是要坚持三十天的，你一定要做好规划，不要才半个月过去就花完了。"乐乐答应得好好的，结果却让妈妈大失所望。原来，乐乐既没有坚持一个月，也没有坚持半个月，而是才过去一个星期，他就把所有的生活费都花光了。接到乐乐打来寻求经济援助的电话，妈妈哭笑不得："我给你的是一个月的生活费，你却一个星期就花完了，这到底怎么回事呢？"在妈妈的质问下，乐乐非常生气，当即对妈妈说："好吧，你不想给就算，饿死我算了。"听到乐乐如此不讲道理，连解释都懒得解释，妈妈也很生气："你自己不会安排怪谁？接下来的二十多天，你就吃馒头就着咸菜吧！"

这通电话之后，妈妈和乐乐好几天都没有通电话，妈妈其实很担心乐乐没有钱吃饭，但是一想到乐乐气狠狠的语气，妈妈又决定狠下心来给乐乐吃点儿苦头。五天过去，乐乐终于扛不住了，再次打来电话："妈妈，对不起，是我没有合理安排，才这么快就花完了一个月的生活费。我还气狠狠地跟你要钱，这都是我的不对。"看到乐乐的情绪缓和下来，而且也反思了自己的错误，妈妈这才消气，对乐乐说："我只能从下个月的生活费里给你预支一百元钱，这意味着你下个月的生活费将会减少一百。你这次可要好好规划，如果没有好吃的，你就只能忍耐着。这就像是妈妈管着家里的吃喝拉撒，妈妈同样要每个月都做好规划。"在妈妈苦口婆心的劝说下，乐乐感慨地说："难怪人们都说不当家不知柴米贵呢！看来，我想安排好自己的生活也不容易。"有了这次的教训后，乐乐再也不胡乱花钱了，并且在和妈妈沟通的时候，他也能够调整好情绪。看到乐乐这样的转变，妈妈感到很欣慰。

天底下没有哪个父母想让自己的孩子忍饥挨饿。在这个事例中，原本乐乐如果能够控制好情绪，那么妈妈会看在他第一次当家做主的份上，不和他计较生活费的事情，但是乐乐却理直气壮地向妈妈要生活费，丝毫没有认识到自己的错误，这让妈妈感到很生气。

面对同样一件事情，能否控制住情绪，所起到的效果是截然不同的。后来，乐乐认识到自己的错误，也控制好了自己的情绪，妈妈最后果然提出了一个合理的建议以帮助乐乐渡过难关。人是情绪动物，每个人都会产生各种各样的情绪，这是正常现象，我们无需对此过于紧张。但是，这并不意味着我们要任由这些情绪在心中堆积，而是要做好整理和疏导的工作，让自己的情绪更加愉悦。

现实生活中，每个人都需要梳理好情绪，这与我们每天或者每过一段时间就在家中开展大扫除的活动，或者整理衣柜有异曲同工之妙。不仅那些情绪暴躁或者焦虑的男孩需要进行自我管理，疏导自身的情绪，所有的男孩都要更加关注自身情绪，从而让自己能够调整好情绪，也能够做出理性的决策。人生的天地是非常辽阔的，我们只有做到心胸开阔，才能拥有广大天地。

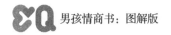

调整情绪，避免歇斯底里

不管是在顺境，还是在逆境，也不管是在学习中，还是在工作中，情绪每时每刻无处不在，与每个人相依相伴，影响着每个人生活的方方面面、点点滴滴。虽然绝大多数人在日常生活中都情绪平和，但是一旦遇到意外，让人措手不及，人们就很难继续保持心平气和。尤其是当灾难突如其来的时候，人们难免会陷入歇斯底里的状态不知所措。对于这样的情绪状态，男孩都要努力控制和调整好情绪。

前文说过，男孩如果对自己的情绪有所觉察和预知，那么就可以尽量做到控制好自身的情绪，或者至少可以在情绪爆发前预先做好准备和预案。这样在事情突然发生时，才能避免陷入情绪的漩涡之中，也才能有效地避免因为情绪冲动而承受巨大的损失。遗憾的是，古往今来，有人气得口吐鲜血，一命呜呼，有人在冲动的驱使下做出伤害自己和他人的事情，追悔莫及。这都是情绪在捣乱，这样的后果往往使人难以承受。

不管时代如何发展，社会怎样变迁，始终难改人是情绪动物的本质。稍不留神就会陷入情绪的漩涡中，在情绪的驱使下做出失去理性的举动，甚至导致严重的后果。作为男孩，仅仅有强壮的身体是远远不够的，还要有强大的内心，还要能够以超强的自控力控制好自己的情绪状态，帮助自己保持平静和理性。

近些年来，因为情绪冲动导致的恶性事件时有发生，有年轻的男人杀害妻子藏尸于冰柜，有年老的男子杀害妻子装作没事人报案，有年轻的大学生因为冲动而伤害了同学的性命，最终毁掉了两个家庭，也有父母和子女之间因为情绪冲动而酿成大祸。这些恶性的事件没有一起与情绪冲动无关，可以说在每一起恶性事件中，情绪都是罪魁祸首。人们常说，进一步万丈深渊，退一步海阔天空，意思是情绪对人的行为举止会产生巨大的影响力。越是在盛怒之下，越是要学会制怒，越是要学会掌控情绪，这才是内心强大的表现。反之，如果在盛怒之下任由情绪的怒火在自己的内心熊熊燃烧，那么就会做出更加疯狂的举动。古人云，小不忍则乱大谋，早就为我们揭示了控制情绪的重要性。

　　很多经验丰富的老司机都知道，开车的时候不能冲动，尤其是要遵守交通规则，按照信号灯的指示通行。人的情绪发出预警，何尝不像是红灯闪烁。不懂得控制情绪的人一旦被情绪奴役，就像是在道路上闯红灯一样，很有可能会酿成恶果。老司机还知道，宁停三分，不抢一秒。如果能够本着这个原则，在情绪频繁闪起红灯的时候按下情绪的暂停键，控制好内心的怒火，那么就能够避开情绪的疯狂爆发和崩溃阶段，从而给予自己和他人更多的时间恢复冷静和理性。有的时候，情绪的洪峰过境只需要很短暂的时间，也许我们只要停顿几分钟，情绪就已经不再处于巅峰状态。如果有更强的自控力，让自己在冲动的状态下独处一段时间，那么很容易就会发现事情并没有我们想象得那么糟糕和严重，值得大动干戈，大惊小怪。很多仇恨，一旦交给时间，时间就会抚平人们心中的创伤，让原本内心被仇恨充满的人渐渐地恢复理智，决定既放过对方，也放过自己。这就是时间的魔力，正是因为如此，人们才说时间是治愈伤痛最好的良药。

男孩们在情绪冲动的状态下，越是感到怒不可遏，越是要控制好自己的举动。虽然在情绪喷发的时候按照心意去发泄的确能够畅快一时，但是此后却要承担长久的痛苦和无法挽回的后果，其结果是更为严重且不可弥补的。

现实生活中，每个人都会经历各种各样的事情，也会产生各不相同的情绪。作为男孩，不管面对什么事情，都要努力成为情绪的主宰，而不要任由情绪捆绑和束缚自己。俗话说，人生不如意十之八九。既然如此，我们就要调整好心态，坦然地面对一切，而不要总是抱怨。

男孩们，如果你们经常被情绪驱使，在冲动的状态下做出一些过激的举动，那么从现在开始，就要努力调整好自己的情绪，切勿因为情绪失控而做出让自己后悔万分的事情。世界上从来没有卖后悔药的，不管因为什么而做出了触犯法律的事情，给自己和他人造成伤害，不管多么懊悔都无济于事。既然如此，我们就要始终保持良好的情绪，给自己更多的时间去平复情绪，给自己更多的机会去进行思考，这样才能避免说出那些伤人的话，做出那些伤人的事情。

真正高情商的男孩任何时候都能把握好自己的情绪，掌控事态的发展，而不会因为歇斯底里就让自己陷入绝望的境地。尤其是那些有远大志向的男孩，更是要意识到自己只有先战胜自己，才能去征服和主宰整个世界。古人云，一屋不扫何以扫天下。同样地，一个人如果连掌控自己都做不到，又如何能够做到掌控人生呢！男孩们，做好准备驾驭人生了吗？你的微笑就是你的风帆，你的从容就是你的光芒，你的自信就是你的力量！

拒绝他人负面情绪的影响

人是群居动物，每个人都不可能孤独地存活于世。这就意味着每个人都要学会融入人群，都要学会与他人而相处。在人际交往中，我们既有可能受到他人积极的正面影响，因而变得更加乐观主动，坚强不屈，也有可能受到他人消极的负面影响，因而变得颓废沮丧，轻而易举就放弃，彻底地与成功绝缘。这就是朋友对我们的影响，既有正面的，也有负面的，既有可能成就我们，也有可能让我们因此而陷入负面情绪的漩涡，失去本来的平安喜乐。从这个意义上来说，男孩应该拒绝他人负面情绪的影响，坚持从积极的方面思考问题，也坚持想方设法地解决问题。越是在遇到困境或者是绝境时，越是要全力以赴地去拼搏，要坚定不移做好自己，这才是对自己负责的表现，也才能因此冲破人生的困厄局面，进入柳暗花明又一村的境况。

现代社会中，人际关系逐渐被重视，也知道自己应该多多结交朋友，才能在需要的时候得到更多的助力，也才能在发展的过程中得到更多的好机会。基于这样的思想，大多数人都很重视发展人际关系。每个人都要与各种各样的人打交道，例如亲戚、朋友、同学等。只有掌握人际交往的技巧，本着真诚和尊重他人的原则，才能结交更多的人。

当然，没有人愿意受到负面的影响，男孩更是如此。大多数男孩都积极乐观，充满朝气，浑身上下都散发出阳光。如果男孩不愿意受到他人负面情绪的影响，那么这是完全合理正当的需求。为了避开这些负能量团，在结交朋友的时候就要多多留心。古人云，近墨者黑，近朱者赤。不要总是和那些思想消极的人相处，即便听到有人说出消极的话，也要坚定自己的想法，不要因此而改变自己的心意。相反，当遇到那些思想乐观积极的人时，男孩要多多亲近他们，从与他们交往的过程中得到更多的正能量。与此同时，男孩还应该打造自身的正能量场。能量是会相互吸引的，如果男孩本身就很丧气，那么他往往也会吸引同样的人带着同样的能量到身边。反之，如果男孩本身就很温暖阳光，那么他就更容易结识与自己相似的人，也就可以增强自己的能量场，让自己的能量场更强大，由此进入良性循环的状态之中。

也许有些读者会感到奇怪，情绪难道还会传染吗？的确，情绪不但会传染，而且情绪的传染性还很强呢。情绪就像是流行性的感冒病毒，有的时候只需要见一面说句话，就有可能沾染上病毒。而被感染的人呢？在病毒潜伏期无知无觉，直到出现明显的症状，才能感知到自身的变化，但是这个时候往往为时晚矣。为了避免自己被情绪的病毒毒害，男孩一定要远离那些堪称负能量团的朋友。有的时候，宁愿少一个朋友，也不要让他人扰乱自己的心绪。

作为初二的男孩，佳宁很看重朋友。最近这段时间，佳宁和校外几个男生走得很近，不知不觉间受到这几个男生的影响。有个男生总是宣扬读书无用论，说："辛辛苦苦读那么多年的书，大学本科毕业一个月也就赚几千块钱，还不如我们这些小混子呢！佳宁，你要是从初中毕业就跟着我们混，就凭着你聪明的脑袋瓜子，肯定很快就能发家致富。不等你那些书呆子同学大学毕业，你就功成名就了。"佳宁一开始不以为然，他还是很憧憬上大学的。但是随着那个男孩说的次数越来越多，再加上其他男孩也跟着撺掇怂恿佳宁辍学，佳宁的心思渐渐发生了变化。

想到父母常年在外打工，自己一个人住校生活，到了周末都没有可去的地方，佳宁想到："要是我现在就辍学，就可以去爸爸妈妈所在的地方，和他们一起打工，也就可以一家团聚了。"这么想来想去，佳宁打电话给爸爸妈妈，表达了辍学的想法。得知这个消息，爸爸妈妈如同遭遇晴天霹雳，他们当即和工厂请假回到佳宁的身边，对佳宁说："佳宁啊，我们这么辛苦地打拼，就是希望你不要走我们的老路。没有学历的话，将来干什么都养不活自己。就像我们，在工厂里辛苦一个月，两个人加起来才赚六七千块钱。但是我们厂子里的大学生技术员呢，虽然刚毕业的时候工资也不高，但是才毕业几年就得到了升职加薪，现在每个月的薪水都超过一万块。你可不要一时糊涂啊！将来，等你大学毕业有了好工作，还可以把孩子带在身边，不用像我们这样和你分开。"尽管爸爸妈妈苦口婆心地劝说佳宁，佳宁也没有回心转意。后来，爸爸妈妈发现佳宁是受到了社会青年的影响，因而让佳宁远离那些人。渐渐地，佳宁收回了心思，终于又一心一意地好好学习了。

青春期的孩子很容易受到同龄人的影响，因为他们急于得到同伴的认同。但是，同龄人并不能肩负起指引青春期孩子的重任，因为他们本身身心发育也不成熟，各种想法和看法都很稚嫩。在这种情况下，父母一定要对孩子保持关注，这样才能在孩子的思想出现波动或者偏离正轨的时候，及时帮助孩子回归到正轨。

在农村，很多父母都外出打工，把孩子交给老人照顾，这些孩子就成为了留守儿童，缺乏父母的关爱，很容易误入歧途。在这种情况下，父母不管生活多么艰难，也不管离开家多么远，都要想尽办法与孩子保持联络，要了解孩子的真实想法和实时动态，这样才能给予孩子更好的照顾和引导，也给予孩子真正需要的帮助。尤其是要关注孩子的交友情况，让孩子知道必须结交好朋友，才能受到积极的影响。必要的时候，父母也可以介绍一些优秀的人给孩子认识，经常带着孩子开阔眼界，增长见识，让孩子知道世界是非常广阔和精彩的，从而让他们树立更远大的理想。唯有如此，孩子才能成长得更快乐，也才能在良好积极的集体氛围中接受好的影响，健康茁壮地成长。

及时清理情感垃圾

在每个家庭中，都会有几个垃圾桶，有的垃圾桶用来盛放厨房垃圾，有的垃圾桶用来盛放卫生间的垃圾，也有的垃圾桶摆放在客厅里，用来盛放零食的包装等。其实，除了这些有形的垃圾桶之外，我们还需要隐形的垃圾桶。这个垃圾桶并不出现在我们的生活中，而是出现在我们的心里，专门留给我们清理情感垃圾之用。

现代社会发展速度很快，各种新鲜的事物层出不穷，人们为了符合社会生活的需要，满足自身成长的需求，必须全力拼搏。这就使人难免会面对各种情感纷扰，例如个人感情的困扰，与同学之间展开学习竞争带来的压力，与同事之间利益之争产生的不愉快等，这些纷扰都会使人不堪重负。我们在前文说过，人的心就像是一个有限的容器，一旦装满了各种负面情绪，就没有空间再容纳正面情绪。那么，为了给心腾出更多的空间容纳正面情绪，我们就需要随时清理情感垃圾，让自己的内心有更大的空间容纳各种积极的情绪。反之，如果任由这些不良情绪堆积在心中，那么就会由此衍生出各种情绪、情感问题，也会因此而扰乱正常的学习、工作和日常生活。

在人际相处的过程中，如果任由负面情绪滋生，还会导致彼此之间心怀芥蒂，这显然是更加糟糕的。一旦人际关系复杂混乱，还谈何幸福呢？从自身的角度而言，当心灵背负了太多的沉重，我们很容易就会因为不堪重负而彻底崩溃。其实，人的身心机制就像是一架运行良好的精密机器，即使目前状态很好，也要积极地保养。而一旦发现出了各种小问题，就要马上维修，使其性能恢复正常。对于人的情绪机器，也要在出现大问题之前就保持维修，积极保养，定期清除垃圾，让情绪机制健康轻松地维持良性运转。否则，一旦把小问题拖延成为大问题，就会积重难返，就像病入膏肓一样难以医治。

在现实生活中，有的人家虽然住着老房子，用着已经用了很多年的家具电器，但是干净整洁，每时每刻都保持窗明几净，看起来让人感到神清气爽，居住的舒适度很高。有的人家则恰恰相反，他们尽管住着新房子，所有的家具电器也都是刚刚才买的，但是家里却显得乱糟糟的。为何前者明明老旧却给人以清爽之感，而后者尽管簇新却让人看着很闹心呢？就在于前者看重清洁，而且注意保持，而后者非但不注重清洁，而且也不能在日常生活中保持良好的家庭状态。

看到这里，也许有些男孩会说：我也定期进行大扫除啊，为何我的宿舍还很脏呢？只靠着每隔一段时间的大扫除并不能让家里保持干净整洁，大扫除只是定期进行的深度清洁而已。整个居住环境要想保持干净整洁，除了要进行大扫除之外，还要在日常生活中注重维护。例如，哪怕花费一整天的时间进行大扫除，却在家里只保持了片刻的干净之后，马上又把东西弄得乱七八糟，又随手把垃圾扔在了地上，那么这是不可能保持洁净的。进行大扫除只是保持家居干净的第一步，接下来还有更重要的事情要做，那就是保持良好的卫生习惯，例如把用过的东西都物归原处，把垃圾扔到垃圾桶里，有某个地方被弄脏了，可以马上用毛巾擦拭干净。在家庭成员众多的家庭里，只有每个家庭成员都保持良好的卫生习惯，才能让家里保持感情经清爽。对待情感垃圾，也是如此。当我们以大扫除的方式清洁心底里的垃圾之后，接下来我们就要保持感情日日常新。遇到不开心的事情，不要把伤心难过压抑在心中，而是要及时劝说自己想开一些，疏导不良情绪，从而维持感情轻松的状态。如果能够依靠自己开解不良情绪当然好，如果只凭着自己的力量不能开解不良情绪，那么可以向身边人求助，例如倾诉、寻求开解等，这些都是很好的自我疗愈方式。此外，还可以做自己喜欢做的事情，例如唱歌、画画、远足、购物、享用美食等。不管采取哪种方式，只要是健康积极并能够帮助自己消除不良情绪，就是有效的好方式。

每个人都应该自由地享受生活，轻松地感受幸福和快乐。虽然大多数人从理性上都认识到这一点，但是在感性上，每当事情发生的时候，人们又往往因为情绪冲动，而觉得无法控制好自己。很多男孩容易情绪冲动，他们就更是要控制好自己的情绪，这样才能在事到临头的时候坚持做情绪的掌控者，以良好的方式引导自身的情绪朝着好的方向发展，获得长足的进步和成长。一个高情商的男孩，首先能够做到坦然面对自己，友好地与自己相处，也能够坚持在各种情况下清除情感的垃圾，从而让自己有更充实的内心和更美好的人生体验。

第05章

保持理性，

避免意气用事和冲动行事

不要意气用事

一个能够对情绪收放自如的人未必能够获得成功，但是大多数成功者都能控制好情绪。仅从本意而言，情绪指的是表达情感，而从更深层次的意义来说，情绪也是生存的智慧之一，关系到每个人的生存质量。那些能够掌控情绪的人，不管遇到怎样的事情发生，都能尽量保持冷静和理智，否则他们一旦被情绪控制，歇斯底里地做出不合适的举动，就有可能导致严重的后果。古往今来，那些能够控制好情绪的人都能化险为夷，反之，那些不能控制好情绪的人，则往往会坠入情绪失控的深渊，导致事情的结局一发不可收拾。

和女孩相比，男孩似乎更容易意气用事。尤其是在愤怒的情况下，他们的智商会瞬间降低为零。很多男孩一旦遭遇误解和指责，就无法保持理性，甚至还会做出过激的举动，使事态发展得更加严重。还有些男孩因为一时的情绪冲动在人生的道路上误入迷途，等到终于反省过来的时候，却已经悔之晚矣。为了避免这样糟糕的情况出现，男孩一定要想方设法地控制好自己的情绪，也要学会控制愤怒。曾经有一位名人说，人生的至高境界在于控制愤怒。在西方国家也有谚语说，一个人如果能够控制愤怒，他就比最贤明的君主更加伟大。

从前，有一头野牛和一头驴子是好朋友。有一天，他们相约去果园里玩耍。他们在果园里玩得特别开心，玩着玩着，他们都饿了。这个时候，野牛提议道："今天农夫正好不在家，不如我们在这里吃一些鲜嫩多汁的青草吧，吃饱了再走。"驴子当即表示同意。

果园里的青草很鲜嫩，可比草地上的青草好吃多啦。很快，驴子就吃得肚饱溜圆，忍不住在地上打起滚来。这个时候，野牛还没吃饱呢，他使劲吃啊吃啊。正当野牛吃得开心时，驴子突然唱起歌来。他引吭高歌，歌声特别嘹亮。野牛紧张地训斥驴子："嗨，你在做什么呢？"驴子一边打滚一边回答道："我在唱歌呀，亲爱的朋友。我吃得饱饱的，还晒着温暖的太阳，生活多么美好啊！真希望生活永远都这么美好！"说着，驴子又唱了起来。野牛紧张地说："别唱啦，别唱啦！你的歌声这么响亮，一定会把农夫吸引来的。到时候，我们都会被农夫抓住，再也无法脱身啦！"驴子对野牛的话不以为然，说道："但是我这会儿觉得很高兴，所以一定要大声地唱出来！"野牛看到驴子固执，当即停止吃草，独自跑远了。驴子呢，一直自我陶醉地唱歌，结果它一首歌还没有唱完呢，农夫就赶来果园，把它抓住了。

在这个故事中，野牛是很能控制情绪的，虽然晒着太阳吃着鲜嫩多汁的青草，野牛也感到很高兴，但是野牛心知肚明，一旦发出响动就会吸引来农夫，给自己带来危险。驴子却不管这一套，他只管开心的时候就唱歌，还用尽全力发出高亢的歌声。幸好野牛跑得快，否则一定会和驴子一样被抓住。

如果人在产生了情绪之后不能及时控制情绪，任由情绪爆发，做出失去理性的举动，那么就会和故事中的驴子一样害了自己。人，高兴了不要张狂，失意了不要沮丧。任何时候，人都必须控制好自己的情绪，才能避免因为小小的疏忽招致杀身之祸。

现实生活中，男孩也会经历各种各样的事情，也会有情绪冲动失控的时刻。要想避免意气用事，男孩就要做到以下几点。

首先，男孩要努力学习，争取学有所成。毋庸置疑，学习是一件非常辛苦的事情，如果不能在学习的过程中始终坚持不懈地努力，遇到小小的困难就放弃，那么很难学到真正的知识，也很难让自己拥有雄厚的知识资本。

其次，男孩要有一颗宽容博爱的人，能够原谅他人。很多男孩小肚鸡肠，斤斤计较，不管是受他人故意的还是无意的伤害，他们都不愿意宽容和谅解。他们一直仇恨着对方，与此同时也让自己生活在仇恨中，每当想起那些让自己气愤或者伤心的事情时，他们就难以自控地发怒，甚至还会做出出格的举动。只有发自内心地宽容他人、真正地原谅他人，才能彻底消除自己心中的负面情绪。

最后，不管遇到什么艰难坎坷与挫折磨难，男孩都要能够坚持到最后，直至取得想要的结果。世界上没有任何事情可以轻轻松松就做成，尤其是对于那些有一定难度的事情更是会经历磨难。在这种情况下，如果轻易就放弃，那么永远也不可能获得成功。只有胜不骄败不馁，始终保持平和的心态，充满向上的动力，男孩才能坚定不移做好自己想做的事情，再也不会因为意气用事就仓促地做出决定。

古往今来，所有的成功者也许各有各自的理由，但是他们一定都是善于掌控情绪的人，也会因为始终致力于做好每一件小事情，而让自己蜕变。越是在激动的时候，男孩越是应该给予自己更多的时间恢复平静和理性。很多过激的举动一旦做出就会酿成严重的后果，只可惜世界上并没有卖后悔药的，谁也不能让时光倒流，更不能让发生的一切变成过眼烟云。

给自己准备一个"灭火器"

从某种意义上来说，每一个情绪冲动的人都像是一座活火山，不知道什么时候就会爆发。对于情绪的爆发，既然不能做到防患于未然，那么在爆发之后就要采取积极有效的措施，给自己灭火。对于那些自知情绪暴躁、容易冲动的人而言，给自己准备一个灭火器，无疑是非常明智的选择。这样，当情绪的火山喷发的时候，就可以努力靠着自身的力量控制情绪，消灭火气，避免因为情绪爆发而带来严重的后果。

人人都有情绪，这一点毋庸置疑。而且，没有人能够完全避免坏情绪，同一件事情对于这个人而言也许不值一提，但是对于另一个人而言就是无法忍受的。有些情绪暴躁的人不但因为与自己密切相关的事情而生气，对于那些与自己毫无关联的事情，他们也会怒火重要。最愚蠢的人莫过于把自己的情绪交给他人掌控的人，就相当于把自己的喜怒哀乐都交由他人决定。既然知道自己冲动易怒，那么就要为自己准备一个"灭火器"之后，当坏情绪不可避免地爆发，就可以及时拿起"灭火器"给自己灭火，这是卓有成效的做法。

有个小男孩脾气暴躁，每天都要若干次对身边的人发脾气。在他小时候，家里人都很宠溺他，认为这无关紧要。然而随着不断成长，家里人发现他的脾气越来越大，发脾气的次数越来越多，他们开始担心和焦虑。为了帮助小男孩控制情绪，爸爸想出了一个好办法。

有一天，爸爸从外面回家，拿回来一袋子钉子和一个锤子送给小男孩，对他说："以后，你每发一次脾气，就定一颗钉子在你卧室的门上。"小男孩不理解爸爸的意思，在爸爸的要求下，他照做了。结果，才第一天过去，他的卧室门上就钉了二十多颗钉子。看着卧室门千疮百孔，惨不忍睹，小男孩羞愧不已。从此之后，他开始有意识地控制自己的坏脾气。随着时间的流逝，他每天在卧室门上钉的钉子越来越少。

后来，整整一个星期，他都没在卧室门上钉钉子。爸爸对小男孩说："看来，你已经能够很好地控制情绪了。接下来，如果你能够做到一天都不发脾气，你就可以从卧室门上拔掉一颗钉子。"用了很久很久，小男孩终于把卧室门上的所有钉子都拔掉了。原本平整光滑的卧室门，现在留下了很多难看的钉子眼。小男孩看着卧室门，非常伤心，爸爸语重心长地对小男孩说："你每一次发脾气，都会在他人的心中留下伤痕，这伤痕并不会随着时间的流逝而消失。如果你能控制好自己的情绪，这扇门就不会这样千疮百孔。"在爸爸的教育下，小男孩更加用心地控制自己的情绪，最终变得情绪平和，再也不无缘无故地乱发脾气了。

很多男孩都和事例中的小男孩一样，总是无法控制住自己，情不自禁地就发起了脾气。有些男孩还误以为坏脾气就是男子汉气概，因而每次发脾气的时候非但不觉得愧疚，还会很为自己骄傲。其实，真正的男子汉不会外强中干，不会以发脾气的方式掩饰自己的脆弱和胆怯。他们不管面对什么问题，都非常勇敢镇定，所以才能圆满地解决问题。

那么，男孩应该如何给自己的情绪灭火呢？男孩必须认识到以下几点，才能真正认识到发脾气的后果，也才能真正地做到控制好自己的脾气。

第一点，男孩要认识到生气是用别人的错误惩罚自己。有些男孩之所以发脾气，是因为他们被他人伤害，觉得他人做错了，因而无法原谅他人。如果伤害已经发生，那么我们还有必要继续用他人的错误惩罚自己吗？当然不能。所以男孩要始终牢记这一点，避免在被他人伤害的时候乱发脾气。

第二点，男孩要正视自己的坏脾气，必要的情况下要寻求帮助。很多男孩没有意识到自己乱发脾气的行为造成了多么恶劣的后果，有的时候他们完全是在情不自禁的状态下就大发雷霆。如果男孩意识到自己的脾气不好，就可以让身边的人经常提醒自己，这样就可以在坏脾气初露端倪的时候及时控制调整情绪。

第三点，男孩要心怀宽容，不要总是揪着别人的错误不放。每个人都会犯错误，即使自己也不可能保证绝对不犯错误。面对他人的错误，男孩应该想到自己也会犯错误，再想一想当自己犯错的时候，他人是如何对待自己的。如果他人劈头盖脸地数落自己，导致自己非常痛苦，那么男孩就不应该把这份痛苦再转嫁到他人身上；如果他人对待自己非常和善，也能宽容自己的错误，那么男孩就应该学习他人，用友善的方式对待其他犯错误的人，从而让人与人之间更加和谐友爱。

第四点，就事论事，不搞人身攻击。很多男孩不管评论什么事情都上纲上线，总是把一点小事夸大，或者把无关紧要的事情说得违反原则。其实，这样的夸大其词完全没有必要。尤其需要注意的是，不管他人犯了什么错误，都要就事论事，既不要搞人身攻击，也不要把陈芝麻烂谷子的事情都翻出来一起算旧账，否则只会使事态恶化。

不管发生什么事情，都想要靠着发脾气的方式来震慑他人，这是根本不可行的。俗话说，有理不在声高，对于男孩而言，有理也不在脾气大。要想吸引他人的注意，如果总是高声喧哗，反而不能起到良好的效果。在这种情况下，如果能够反其道而行，故意降低声音说话，反而能够吸引他人的关注，起到更好的效果。男孩只要能够做到这几点，就能真正感受到不发脾气的好处，也能体会到心平气和的威力。当男孩从高声喧哗、歇斯底里变得温文尔雅，不仅内心的力量会得以增强，还能够有效地改善人际关系，使自己的生活发生翻天覆地的改变。

抱怨是毒瘤

不管遇到什么事情，抱怨有用吗？当然没有。抱怨除了能够在情绪巅峰的时候帮助我们暂时发泄怒气之外，对于解决问题没有任何用处。有的时候，我们正在气头上，喋喋不休地抱怨反而会让事情变得更加糟糕，导致事与愿违。所以真正高情商的男孩即使心生不满，也不会轻易抱怨，相反，他们会调整好自己的情绪，更加积极努力地去解决问题。

印度大名鼎鼎的诗人泰戈尔曾经说过，如果每个人都不遵守规矩，那么这不但会伤害自己，还会失去善待他人的力量。这句话告诉我们，我们如何对他人，也就是在如何对自己。所以不要再以抱怨面对周围的世界，也不要再让抱怨毒害自己的心灵。人们常说，抱怨是毒瘤，其实这颗毒瘤不是长在他人的心中，而是在我们自己心里

　　抱怨总是表达负面情绪，无形中使我们成为负能量团变大，不但自己陷入负能量的漩涡中无法自拔，而且还会因此吸引更多的负能量环绕在我们的周围。在此过程中，有些人会因为不想被我们的负能量影响而刻意地疏远我们。而那些围绕在我们身边、和我们一样爱抱怨的人，则与我们相互抱怨，使得彼此都陷入消极沮丧的状态。人们常说，心若改变，世界也随之改变。要想改掉爱抱怨的坏习惯，男孩就要先改变自己的心态。

　　有些男孩已经形成了消极思想，他们不管遇到什么问题，都会第一时间开始抱怨，把责任推卸到他人身上。也有些男孩非常阳光，他们哪怕境遇坎坷，也从不抱怨，而是勇敢地直面问题，想方设法地解决问题。对于这样的男孩而言，不管最终的结果如何，他们都会因为努力尝试而收获经验，即使遭遇失败也了无遗憾。

　　这天放学，小虎怒气冲冲地回到家里，一边走一边念念有词：“这个小多多，我再也不和他玩了。要不是他拖后腿，我们就能得第一名了。”原来，下午学校里举行了运动会，小

虎参加了四百米接力赛跑。作为第一棒的小虎表现特别好，遥遥领先。然而，到了最后一棒时，多多却跑得很慢，使得小虎好不容易领先的那点儿成绩都被消耗光了，最终变成了倒数第一。听到小虎的讲述，妈妈引导小虎："小虎，每个人都有特长，也有不足。我觉得抱怨是没有用的，重要的是想办法与其他团队成员好好配合，这样才能取得更好的成绩。你觉得呢？"小虎无奈地说："多多跑得那么慢，怎么配合也没用。"妈妈语重心长对小虎说："将来啊，你还有很多情况下都要与同学配合，与团队成员合作。如果遇到小小的不如意，大家就互相抱怨，那么整个团队就会变成一盘散沙，根本不可能取得好成绩。我希望你能成为团队里的主心骨，不但自己表现很好，还能够带动其他同学好好表现，这才是真正的厉害角色呢！例如在接力赛中，你不但要自己跑得快，和同学交接棒还要争分夺秒，节省时间，对不对？"在妈妈的耐心引导下，小虎重要意识到团队合作很重要，也意识到必须团结队员，才能取得整体性的胜利。

现代社会中，不管是学习还是工作，都讲究合作。如果说孩子们在学生时代合作的机会比较少，那么在长大成人走入社会之后，他们合作的机会会越来越多。一个人即使能力再强，也不可能只靠着单打独斗就能获得全局胜利，只有发挥自己最好的作用，与其他团队成员团结一心，众志成城，才能完成艰巨的任务，实现伟大的成功。

每个人的时间和精力都是有限的，我们与其浪费宝贵的时间和精力在抱怨上，使自己闷闷不乐，郁郁寡欢，也与他人交恶，还不如竭尽所能地做到最好，也想方设法地帮助他人。对于那些无关紧要的人，我们就更没有必要抱怨了。

　　具体来说，要想远离抱怨，男孩要做到以下四点：

　　首先，要学会倾诉。很多男孩在遇到问题的时候并不会积极地倾诉，而是先急于归咎责任，撇清自己。在一个团队之中，不管结果如何，这都是全体成员共同努力的结果，谁也不能把自己完全从中撇清，更不能怀有事不关己、高高挂起的态度。男孩要积极地倾诉，在倾诉之后，心中郁结的情绪就会得到消除，也就不会再继续抱怨了。

　　其次，要待人宽容。大多数爱抱怨的男孩都在抱怨他人，也有极少数爱抱怨的男孩常常抱怨自己。其实，不管是与自己相处，还是与他人相处，总是会有各种各样的问题，与其因为抱怨而导致矛盾冲突变得更加尖锐，不如与人为善，与己为善。安徽桐城有个六尺巷的故事，讲的是大学子张英劝说家人给建造新房的邻居让出三尺地的故事。正是因为张英的宽宏大度，邻居才和张英学习，也主动让出三尺地，因为两家各让出三尺，所以才有了六尺巷，既方便相邻们来来往往，也成为美谈。

　　再次，要对未来满怀憧憬。如果男孩只盯着眼前的利益，为了小小的利益或者是胜负输赢就与他人争执不休，那么就会越来越小肚鸡肠。男孩应该对未来满怀憧憬，这样才能在成长的过程中有更博大的胸怀，也能做到不把他人的错误放在心上。

最后，男孩要有广泛的兴趣爱好。男孩如果兴趣广泛，有很多喜欢做的事情，那么在心情郁郁寡欢的时候，就可以做喜欢的事情，成功地转移注意力。但是，男孩如果没有兴趣爱好，有了不开心的事情也将会无法排解，那么他们就会只盯着生活中的不如意，而忽略了生活中的美好。

总而言之，人生中有很多事情都值得我们关注，也值得我们投入大量的时间和精力去学习。对于男孩而言，一定要有大格局，有开阔的视野，而不是鼠目寸光，连声抱怨。

跑三圈，给自己灭火

现实生活中，有些人心胸开阔，不管发生什么事情都能坦然面对；有些人却心思狭隘，哪怕只是发生小小的不愉快，他们也会牢记于心，片刻也不愿意忘记。这使得他们总是处于愤怒的状态，生活中任何风吹草动都会在他们的心中掀起波澜。又因为斤斤计较，他们总是不停地算计，最终导致自己深受伤害。

实际上，对于生活中的很多小事和日常产生的各种情绪，我们应该彻底摒弃寸土必争和睚眦必报的心态，这样才能让自己释然，也让自己少几分烦恼，多几分快乐。唯有这样豁达和从容，我们才能真正做到快乐生活，幸福知足。

很多人都知道艾迪巴老爷爷，这是为什么呢？原来，艾迪巴老爷爷有一个奇怪的习惯，那就是每当生气的时候不与人争执，而是以最快的速度跑回家里，绕着自己的田地和房子跑上整整三圈，然后累得气喘吁吁，上气不接下气地坐在田埂上喘粗气。进行过这样的仪式之后，艾迪巴爷爷就怒气全消了，再也不生气，而是辛勤耕耘。随着时间的流逝，艾迪巴爷爷拥有的资产越来越多。年轻的时候，艾迪巴爷爷只有一间茅草屋和很少的田地，跑三圈特别容易。随着时间的流逝，艾迪巴爷爷的房子越来越大，田地越来越多，他富甲一方，但是这个跑三圈的习惯从未改变。人们都不知道艾迪巴爷爷为何这么做，他也从来不说。

艾迪巴爷爷越来越老了。有一天，他又与人争执，气喘吁吁地拄着拐杖绕着田地和房子走了三圈。他最疼爱的小孙子不解地问："爷爷，你为什么要绕着田地和房子走三圈啊！你都这么老了，你还这么有钱，完全可以狠狠地惩罚惹你生气的人啊！"他爱抚着孙子的头，说："孙子啊，我年轻的时候很穷。每次与人吵架或者争执，我就绕着我破破烂烂的房子和小得可怜的田地跑三圈，我很快就跑完了。我总是边跑边想，我的房子这么破烂，我的田地这么小，我有什么好生气的呢！我最该做的是辛勤耕耘啊，否则我连生气的权利都没有。后来，我的房子越来越大，我的田地越来越多，我每次生气还是绕着田地和房子跑，我边跑边想啊，老天爷待我不薄，让我的辛勤耕耘得到了如此丰硕的回报，我还有什么必要生气呢！就这样，我每次跑三圈就怒气全消，马上又去加油干了！"孙子听了爷爷的话恍然大悟。

一个人如果小肚鸡肠，特别爱生气，那么在每一个寻常的日子里，他都有很多次机会把自己气得像青蛙一样，恨不得把肚皮涨破。然而，当我们用心地思考生命的意义，也明确生活的目标，就会发现真的没有什么事情值得我们生气的。长此以往，我们的抑怒能力就会越来越强，我们就能真正做到理解和包容他人。当我们以这样的方式对待他人时，日久天长，我们身边的人也会受到我们的影响，也少生气，多欢笑，最终与我们其乐融融、和谐友善地相处。

在生气的时候，男孩一定要保持理性，而不要试图以牙还牙，以眼还眼。虽然我们用他人对待我们的方式去伤害他人，能够暂时宣泄怒气，但是冤冤相报何时了呢？正是这样的心态导致仇恨代代相传，永远也无法消除。在生气的时候，高情商的男孩应该正视自己的愤怒，也应该能够做到宽容自己和他人。如果当时实在是怒不可遏，那么不要任由自己发泄愤怒，而是要尽快离开事情发生的地点，把自己带离当时的情境，或者可以做一些其他的事情，有效地转移注意力，这都是避免情绪继续爆发的好方法。

当过了事发当时的情绪巅峰时期，我们就能更加理性和冷静，也会认识到很多事情并不像我们想象得那么糟糕。只要我们敞开自己的心扉去接纳事情的发生，也真正做到原谅他人，宽容他人，我们自己的内心也会觉得非常轻松。

　　还有一些男孩是完美主义者，他们对待自己和他人都特别苛刻，总是希望自己能够做到最好。这样的要求有可能达到，却不能仅凭着一厢情愿就想着每次都能达到。男孩要适当降低对自己和他人的要求，才能避免因为不满意而爆发怒气。任何事情都有万一，都不会完全按照我们的预期去发展，最重要的是始终保持理性，采取明智的举动，这样才能避免莽撞和冲动，也才会给予自己更多的余地去回旋。

不要被一只苍蝇打败

　　看到这个标题，很多男孩都会感到纳闷：人既有智慧，也充满了力量，怎么会被一只不起眼的苍蝇打败呢？人捏死苍蝇轻而易举，真是想不通人与苍蝇之间有何渊源。然而，事实告诉我们，苍蝇的确打败了人，而且打败的是一个世界冠军级的选手。就让我们一起来看看到底是怎么回事吧！

　　1965年9月初，在美国纽约，世界台球冠军争夺赛正在紧张地进行着。经过一番激烈的竞争，约翰·迪瑞和路易斯·福克斯这两位台球界的高手成为了冠军的角逐对手。论实力，路易斯·福克斯略胜一筹，而且在比赛中遥遥领先。看起来，路易斯·福克斯将会毫无悬念地获得世界冠军，正当人们认为比赛的胜负已定时，形势居然因为一只苍蝇发生了巨变。

在苍蝇出现之前，福克斯和在场的所有人一样认为自己一定能够获得世界冠军，因而他显得气定神闲，志在必得。和福克斯截然不同的是，迪瑞满脸沮丧，似乎已经被宣判失败，看起来毫无胜算，也不准备做任何努力。然而，正当福克斯俯下身体准备击球的时候，不速之客——一只苍蝇来了。只见苍蝇在球台上空盘旋着，最后居然落到了福克斯的目标——主球上。在即将迎来胜利的辉煌时刻，福克斯可不想被一只苍蝇扫兴。他面带微笑，轻轻挥手赶走了苍蝇。然而，苍蝇仿佛故意和福克斯作对，等到福克斯再次俯下身体准备击球时，苍蝇又飞回来了，并且再次落在主球上。看台上的观众们发出笑声，福克斯变得略微急躁，再次挥手赶走了苍蝇。

当福克斯第三次俯下身体准备击球时，可恶的苍蝇又来了。这次观众们再也忍不住大笑，有些观众笑得前仰后合。听到观众们放肆的笑声，福克斯再也沉不住气了，他怒气冲冲，来不及放下球杆，就挥舞着球杆去驱赶苍蝇。结果，球杆碰到了主球。裁判判定福克斯已经发球，福克斯失去了至关重要的发球机会。他阵脚大乱，迪瑞则趁机扳回了局面，获得了世界冠军。深受打击的福克斯一时想不开，投河自尽，不但结束了自己的台球生涯，还结束了自己的生命。

　　谁能想到，一只苍蝇居然打败了身经百战的世界冠军选手呢！如果福克斯能够沉住气用手驱赶苍蝇，那么他就不会因为触碰主球而失去发球机会；如果福克斯知道失去冠军是个意外，但是只要继续努力就还有机会拿到世界冠军，那么他就不会因为想不开而结束自己的生命。这一切的悲剧，都是因为福克斯和一只苍蝇斤斤计较导致的。小小的苍蝇也许不能凭着自己的力量改变什么，却可以反反复复地飞来飞去扰乱人们的心绪，使人自乱阵脚，最终一败涂地。

　　一个人要想获得成功，必须拥有良好的自控力，这样才能在任何情况下都主宰和控制自己，并且调节和支配自己的行为，达到自己的目的。当然，控制行为的前提是先控制好情绪。事例中福克斯之所以落败，就是因为他没有控制好情绪，继而做出了让自己后悔的举动。美国大名鼎鼎的作曲家约翰·密尔古曾经说过，一个人如果能够控制好自己的欲望、恐惧和激情，那么他就比过往更加伟大。由此可见，每个人最大的敌人都是自己，每个人只有战胜自己，才能做出成就。

　　生活不如意十之八九，没有谁的人生会是一帆风顺的。在生命的历程中，我们既不能随波逐流，也不能刻意强求。我们应该坦然地接受那些不能改变的，也要全力以赴去改变那些可以改变的。不管发生了什么事情，也不管在什么情况下，都不要任由怨恨的情绪肆意滋生，否则我们不但是在怨恨他人，也是在毒害自己。如果他人根本不知道自己正在被我们怨恨着，那么怨恨就会完全指向我们自己，使我们痛苦不堪，无力承受。很多人因为一时冲动而做出过激的举动，使自己不得不承担恶劣的后果，尽管后悔，却无法收回所做的一切，这或许是因小失大，或许是因为仇恨与他人同归于尽。

当然，每个人既有好情绪，也有不良情绪。在生命的历程中，我们不可能每时每刻都保持良好的情绪，在承受挫折和烦恼的时候，我们会自然而然地产生消极情绪。高情商的男孩同样如此，但是不同的是，在遇到不开心的事情时，他们能够以恰当的方式调节控制好自己的情绪，从而争取得到更好的结果。例如，他们会通过合理的渠道宣泄不良情绪，会做自己喜欢的事情及时转移注意力，会离开事情的相关人员或者是事情发生的地方，从而帮助自己尽快恢复平静和理性，也会劝说自己换一个角度看待问题，理解他人的苦衷，做到宽以待人。总而言之，高情商的男孩有很多方法帮助自己排解不良情绪，也能够做到以大局为重，坚持完成很多艰巨的任务。每一个高情商的男孩都有良好的自控力，这不仅有益于他们的成长，等到将来有朝一日走上社会，走上工作岗位，他们也依然将会受益于自控力。如果说失控的男孩是一匹野马，那么拥有自控力的男孩则是一匹千里马，能够驰骋千里，奔向自己的目的地。因为自控力能够帮助他们始终保持正确的方向，让他们的每一分努力都能生根发芽，最终结出丰硕的果实。

第 06 章

提升逆商，
男孩就是要在逆境中勇往直前

人生总有不如意

对于任何人而言，人生都不会是一帆风顺的坦途，总会遭遇各种坎坷挫折。当面对生活突如其来的打击，当深切感受到生活的残酷时，男孩应该怎么做呢？如果在遇到小小的困难时就选择放弃，或者在遇到难题的时候就选择逃避和畏缩，那么，男孩渐渐地就会越来越胆小，根本不可能做到勇敢地面对一切。只有抓住这些提升逆商的好机会，有意识地鞭策和激励，甚至逼迫自己迎难而上，男孩的内心才会充满力量，也才会在一次次的历练中得到提升。

有些男孩会抱怨命运不公，其实命运总是公平的，它在给人关上一扇门的同时，还会给人打开一扇窗。最重要的是，我们要发现窗户，还要能够透过窗户看到外面更为辽阔的世界。太多的男孩成功了就骄傲，失败了就沮丧。真正的强者不是那些面对成功得意忘形的人，而是那些面对失败能够从容不迫，积极地从失败中汲取经验和教训，最终踩着失败的阶梯不断努力向上的人。大多数人的先天条件相差无几，有的人之所以能够获得成功，而有的人却总是与失败结缘，或者默默无闻、庸庸碌碌地度过一生，就是因为他们对待失败的态度截然不同。面对人生的不如意，成功者越挫越勇，不达目的誓不罢休，胆怯者在预想到那些困难之前就选择了放弃，失败者在经历小小的坎坷挫折之后就像泄了气的皮球一样，再也无法鼓起信心和勇气继续尝试。

对待逆境的不同态度，决定了人们的不同命运，也决定了人们的不同人生成就。毋庸置疑，没有人愿意接受失败的打击。然而，逆境是人生的试金石，如果不曾身处逆境，也许我们永远也不会知道自己有多么胆小怯懦，或有多么勇敢无畏。古往今来，很多伟大的人物都曾经遭受逆境，并且由此而爆发出巨大的潜能，最终彻底改变了命运。例如韩信原本是个市井混混，在受到胯下之辱后才发奋图强，最终成就大业；美国总统林肯在成功当选总统之前，经历了创业失败、未婚妻去世、竞选失败等数次打击，但是他始终没有放弃，最终入主白宫，成为美国历史上举足轻重的领袖人物；美国总统罗斯福因患脊髓灰质炎而瘫痪，他正值人生壮年却遭受这样的打击，但是他没有气馁，而是积极地进行康复和锻炼，最终成为美国历史上第一任坐着轮椅的总统……太多伟大人物的事迹都告诉我们，对于怯懦者而言，沉重的打击也许会成为人生下坡路的起点，而对于勇敢者而言，沉重的打击却会成为人生上行通道的起点，这一切都取决于我们的内心，我们的命运将会因为我们心态的不同而彻底转变。

高情商的男孩一定要有顽强不屈的毅力，才能与残酷的命运展开博弈。越是在艰难坎坷的境遇中，男孩越是要表现出坚决的决心和勇气，越是要排除万难，勇敢攀登人生的高峰，超越人生的困境。古人云，宝剑锋从磨砺出，梅花香自苦寒来。任何美好的事物，只有历经磨难才会有好的结果，否则，总是听天由命，从来不与命运抗争、不去争取，只会导致人生庸庸碌碌，一事无成。

不要再抱怨命运多舛，而是要认识到命运对于所有人都是公平的。有的时候，我们之所以觉得命运不公，是因为我们在盲目地羡慕他人，而从未感恩拥有。在美国，海伦因为从小患上了一场猩红热，而失去了听觉和视力。小小年纪的她没有放弃，而是在莎莉文老师的陪伴下始终致力于学习，最终她不但考上了大学，还顺利从大学毕业，成为了一名作家。她的事迹鼓舞了全世界很多年轻人，让他们充满了勇敢面对生命的热情。男孩们最好读一读海伦的作品《假如给我三天光明》，相信你们一定会从字里行间感受到海伦对于生命的执着和热爱。

很多时候，湍急的命运河流会带着我们前往未知的旅程。我们理应成为最勇敢的掌舵手，给予生命更多的关照，也应始终把握生命的方向，成为生命的主宰。正如人们常说的，困难像弹簧，你强它就弱，你弱它就强。面对人生的各种困难境遇，我们必须努力战胜困难的弹簧，让困难向我们投降。

高情商的男孩从来不会因为任何事情而缴械投降，他们就像海明威的《老人与海》中的桑迪亚哥老人一样，尽管被困难打倒，却从来不会被困难打败。被困难打倒了，他们还能站起

来，而一旦被困难打败了，他们就会一败涂地。始终扬起生命的大旗，给予自己无穷的力量和勇气，这才是男孩该有的姿态。

男孩不该是弱者

男孩尽可以表现出软弱，因为世界上没有谁能始终保持强者的姿态，但是男孩不该是弱者。内心强大的男孩尽管会因为一些事情而沮丧失落，却不会彻底放弃。他们始终相信自己能够战胜困厄，也始终坚信自己可以扬起命运的风帆，在生命的旅程中出海远航。需要注意的是，偶尔示弱或哭泣甚至放弃，这都不意味着软弱。即便男孩的意志坚强如钢，他们也还是会有软弱的时候。每个人都有权利软弱，男孩也是如此。一直以来，人们都存在误解，觉得男孩不能哭，否则就是无能的表现。还记得刘德华的那首歌吗？男人哭吧哭吧不是罪。男人能哭，男孩也能哭。哭是为了宣泄心中的负面情绪，是为了涤荡心灵的尘土，而不是向命运缴械投降。哭，也是每个人的权利，在心情不佳的时候，哭过了就会觉得满心轻松，何乐而不为呢？

很多父母在教养男孩时都陷入了误区，他们觉得应该致力于培养男孩坚强的品质，因而禁止男孩哭泣，也不允许男孩表现出软弱。有些父母恰恰相反，他们对男孩照顾得无微不至，代替男孩做好每一件事情，结果这在无形中限制和禁锢了男孩的发展与成长，使得男孩无法如同自己所愿那样自由飞翔。这样的两个极端，对于教养男孩而言都是错误的。父母既要把男孩教育得有血有肉，给予男孩更多的理解和尊重，也要适度地宽容男孩，把哭泣和示弱的权利还给男孩。在男孩因为各种原因而示弱时，父母不要一味地指责，而是要认识到男孩一定是遇到了难题。父母尽管不能马上就代替男孩解决问题，但是要多多理解和支持，切勿嘲笑和讽刺。

　　和女孩一样，要想培养出坚强勇敢的男孩，父母就要给予男孩安全感。如果男孩从小在惶恐不安中成长，他们就会如同惊弓之鸟一样。明智的父母会致力于给男孩安全感，给男孩更多的引导和帮助，而不会通过打骂的方式逼着男孩成长，让男孩在忐忑不安中渐渐地疏远父母。

　　很多父母对于坚强勇敢的认知都进入了误区。其实，坚强勇敢并非指的是表面，而是内心。举个最简单的例子而言，在自然界中，水是无形无色的，没有形状，强度很差。难道我们因此就说水不够强大吗？当然不是。水尽管柔弱无骨，却无孔不入，它有着极强的韧性，能够渗透到任何孔的地方。有人用水来形容女人，我们为何不用水来形容男人呢？水既可以是液态的，也可以是气态的，还可以是固态的。冰有多么坚硬，相信大家都知道。所以男人可以是水，可以变成蒸汽漂到高空，也可以变成坚冰拥有最大的强度。

学校里要举行运动会，林超原本报名参加了一千米长跑项目。有一天晚上，他回家的时候没看清楚脚下的路，不小心把脚踝扭伤了。幸好现在距离运动会还有一段时间呢，林超可以康复，但是林超却对妈妈说："妈妈，你帮我向老师请假吧，我不想参加运动会了。"妈妈很惊讶："但是，你的脚踝受伤并不严重啊，而且现在距离运动会还有一段时间，你完全可以康复。"林超为难地说："可是，我还是不想参加了。原本我也不是很想参加运动会，但是我短跑不行，所以就勉为其难地报名了长跑。现在受伤了，我正好可以请假，也不用担心老师和同学嫌弃我不愿意为班级出力了。"林超话音刚落，妈妈语重心长地对林超说："林超啊，你一定要勇敢。妈妈认为，你就算在跑步过程中扭伤了脚踝，只要还能坚持，就应该坚持下去。你现在还有很长时间康复，参加运动会完全没问题，妈妈希望你能坚强勇敢，而不要软弱怯懦。"林超陷入沉思，看得出来他很犹豫。妈妈继续说："人是有惯性的，只要退缩一次，将来就想退缩无数次。那么，人生中有多少机会可以放弃呢？等到退无可退的时候，我们就无法再退了，就会被逼入死角。与其如此，为何不主动地把握机会呢？"在妈妈苦口婆心的劝说下，林超终于鼓起勇气，决定参加运动会，他积极地给脚踝热敷，希望伤处能尽快复原。赶在运动会开始前一周，林超终于可以恢复长跑锻炼了，他还立志要在长跑项目中获得好名次呢！

　　在养育男孩的过程中，父母要有意识地培养孩子的勇气，而不要任由孩子出现退缩的行为。人都是趋利避害的，没有人生来就愿意挑战自我，而更喜欢保持安逸的状态。当向来勇敢的男孩表现出畏缩行为时，父母要积极地鼓励男孩，也要给予男孩更多的支持和帮助。唯有如此，男孩才能想清楚自己真正想要的是什么，也才能增强动力。

　　如果说在学龄阶段，男孩面对的困难往往来自学习，那么在过了学龄阶段，走入社会之后，男孩所面对的困境则会更多，也会更复杂和艰难。如果不能在成长过程中就养成勇敢的品质，那么随着困难如同大山一样出现在面前，男孩的畏缩心理就会越来越强，直至他们再也不敢接受任何挑战，更不想超越自我。对于男孩的成长而言，这显然是极其不利的。作为父母，除了要抓住各种机会锻炼男孩的能力，培养坚韧的品质之外，还要身体力行去战胜困难，这样才能成为男孩的好榜样，让男孩切身感受到父母的坚强和勇敢。家庭教育总是润物细无声的，当男孩在不知不觉中模仿父母，尤其是模仿父亲时，他们在成为男子汉的过程中就有了榜样和标杆，他们也就会表现得更加出类拔萃。

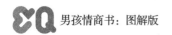

一鼓作气的人生才精彩

有人说，人生如同白驹过隙，转瞬即逝。的确如此。当有一天我们已经垂垂老矣，回首前尘往事时，未免会有恍如隔世的感觉，甚至疑惑这一生怎么过得如此之快呢。然而，当我们还年轻，当我们正置身于逆境之中，我们又会盼望着时间过得快一点儿再快一点儿，因为人生这样就不会显得那么难熬。然而，时间的快慢从来不会以我们的主观意志为转移，现实告诉我们，人生就得这样慢慢地熬过来，快乐也好，痛苦也罢，没有人能够幸免。

当然，这并不意味着人生总是艰难。人生就像是一场旅途，在前行的过程中，我们既会遇到难走的山路十八弯，也会遇到平顺的坦途，就像一望无际的草原上一眼望不到边的天路。不管是怎样的路，我们都要继续走下去。所以不要抱怨，而是要坦然接受旅途中的美景或者荒芜，坦然走过人生中的逆境和困境，这样我们才能一鼓作气、无怨无悔地度过这一生。

对于成功，很多人都有不同的定义。实际上，真正成功的人生，是在回首过往的时候没有遗憾，而是为自己曾经做过的一切、塑造的人生，感到无比地欣慰，甚至还会感慨自己没有白来人世间走过这一遭。一切的身外之物都是生不带来死不带去的，就连生命也终将就离开这个世界。既然如此，我们但求问心无愧，但求内心值得就好。

也有人把人生比喻成跑步或百米冲刺，还没真正开始发力呢，有人就已经到达了终点，比赛结束了。也有人对人生的比喻更加贴切，他们把人生比喻成马拉松。比起百米冲刺，马拉松长跑显然更贴合人生的实际。因为当我们活着，当我们走在生命的旅途中，人生就是很漫长的。漫长而又美好，漫长而又煎熬，这都是人生的常态。

　　在古代战场上，鼓手负责对全体将士发号施令，因为一个好的鼓手往往会影响战争的结局。古人云，一鼓作气，再而衰，三而竭。我们作为人生唯一的战士，理应成为最好好的鼓手，为自己吹响冲锋号，督促自己勇往直前，冲锋陷阵。有的时候，战机转瞬即逝，我们稍有迟疑，战争就已经以失败而告终了。因而当人生的冲锋号吹响的时候，我们一定要勇敢冲锋，切勿犹豫不决，瞻前顾后，错失良机。

　　有些男孩在从小到大一直努力的情况下，会突然感到灰心和丧气，甚至放弃。不得不说，这样的决定是让人遗憾的。虽然人生很难，有的时候命运还会和人开残酷的玩笑，让人不知道如何应对，但是我们依然要坚定不移地勇往直前。为了增强自己的信心和勇气，高情商的男孩应该调整心态，从容应对命运的安排。有些男孩总是和命运较劲，面对命运的不公愤愤不平，面对身边的人和事总是怀有排斥和抗拒的心态。在这种状态下，男孩一定会感到心有余而力不足，也会因为心态不佳而导致做事情不顺利。其实，坎坷挫折都是人生的常态，如果我们先从心理上接受了命运的不平，那么我们就会更容易接受命运的安排。反之，如果我们总是与命运对抗，除了抱怨之外没有做出任何有效的举动，那么我们就会陷入更加糟糕的境遇，还会因为错过解决问题的好机会而导致事与愿违。

当高情商的男孩转变了自己对待人生的态度，不再与人生较劲，也不再与自己较劲，他们的内心就会发生神奇的变化。对于人生的一切困厄，男孩都能从容以对，他们把宝贵的时间和精力用于照顾自己，努力拼搏，而不是自怨自艾，怨声载道。岁月静好固然能够让我们享受更多的安逸时光，但是经风历雨同样能磨砺我们的心性，增强我们的能力，丰富我们的经验。作为男孩，要想获得梦寐以求的成功，拥有渴望的幸福，就必须在苦难中进行自我救赎，在不断成长的过程中渐渐地走向成熟。

高考成绩出来了，小刘因为考试失利，并没有考上自己心仪的名牌大学。看着一贫如洗的家，看着年老体弱的父母，小刘虽然很想复读，再次参加高考，但是他不忍心再给父母增加负担。思来想去，他决定去打工，等到过几年手里有些钱了，再复习参加高考。得知小刘的想法，爸爸当即表示否定："儿子啊，你可不能离开学校。俗话说，趁热打铁，你要是现在离开了学校，将来很有可能就再也考不上大学了。"小刘为难地说："但是，你和妈妈都太累了，我不想让你们继续吃苦受累。"爸爸摇摇头，说："傻孩子，你根本不知道我跟妈妈心里在想什么。只要你能好好学习，考上好大学，我和妈妈再苦再累也不怕。总之，你不能辍学去打工，你必须趁着这个机会一鼓作气，爸爸相信你明年一定能考上名牌大学。钱的事情你不用操心，我会想办法的！"

在爸爸妈妈一致的大力支持下，小刘打消了辍学的念头，带着爸爸东拼西凑来的学费开始了新一轮的复习。看到爸爸年纪已经那么大了，还要跟着年轻人外出打工挣钱，小刘心如刀绞。他知道，自己目前能够回报父母的唯一方式，就是拼尽全力学习。经过一年的拼搏，小刘终于考上了心仪的名牌大学，全家人都开心极了。

在这个事例中，爸爸说得很对——趁热打铁。虽然小刘是因为心疼父母才想要辍学打工，但是一旦离开了校园，失去了学习的浓郁氛围和良好环境，他就很有可能再也回不到学习的轨道上。幸好有爸爸妈妈的坚持，小刘才打消了辍学的念头，终于成功地考上大学。

不管做什么事情，都要一鼓作气，而不要因为一些无关紧要的原因就终止努力。人，必须调整到良好的心理状态和身体状态，才能在做事情的时候全力以赴地投入，从而取得良好的结果。有的时候，停下了就会永远停下，一直行走在路上反而能够无所畏惧，勇往直前。越是面对命运残酷的打击和不知分寸的捉弄，我们越是要越挫越勇。当我们表现出一马当先的勇气，当我们拥有坚持不懈的毅力，在我们的勇气和决心面前，所有的困难都会黯然失色，都会给我们让出前进的道路。

放弃和坚持同样重要

一直以来，人们都赞美那些能够坚持到底的行为，认为这样的行为代表着决心和毅力，也往往能够取得最好的结果。人们则对那些放弃的举动表示质疑，认为放弃意味着彻底失败，意味着缴械投降，意味着怯懦和软弱。其实，在很多情况下，放弃和坚持同样重要，这是因为舍与得之间是可以相互转化的，有的时候舍就是得，有的时候得就是舍。

人的本性是贪婪的，所以每个人都在不知不觉间产生强烈的欲望，奢求得到更多。越是得到得多，他们就越是更加贪婪，由此一来，最终导致他们坠入了欲望的深渊无法自拔。实际上，一个人要想正常地生存下来，只需要很少的物质支撑，就可以保证生存的质量。那么为何有那么多人为了赚取更多的钱财，为了得到更多的奢侈品，不惜铤而走险，或者出卖自己换取金钱，或者违反法律掠夺金钱呢？这都是欲望在作祟。

高情商的男孩应该知道，放弃和坚持是同样重要的。人生之中，不能只做加法，而从不懂得做减法，否则就会让生命不堪重负。

很久以前，有个年轻人因为郁郁寡欢来到深山老林里拜访大师。他问大师："大师，人活着的意义是什么呢？我觉得特别累，不知道应该去往何处。"大师沉默不语，良久才说："年轻人啊，我院子的角落里有个背篓，你背着去爬后山吧。记住，你要把沿途看到的好看的石头捡起来放在背篓里，要一直爬到山顶。"尽管年轻人不知道大师的意思，但还是照着大师的话去做了。

年轻人一边走一边捡起石头放在背篓里，很快，背篓里就装了很多石头，年轻人感到越来越沉重。等到他气喘吁吁终于爬到山顶的时候，发现大师已经在山顶等候他了。看到年轻人疲惫的样子，大师说："现在你下山吧，每走一个台阶，就扔掉一块石头。"年轻人很费解：既然让我扔掉石头，刚才又为何让我捡起来呢，还把它们背到山上，简直快把我累死了。然而，大师已经走了，年轻人只好按照大师的吩咐做。原本，年轻人认为自己下山一定会筋疲力尽，却没想到随着丢掉的石头越来越好，他的背篓越来越轻，他也越来越步履轻盈。快到山脚下的时候，背篓里已经空空如也，年轻人简直健步如飞。

年轻人又来到大师面前，大师告诫年轻人：人生苦短，何必背负沉重。年轻人恍然大悟，辞别了大师离去，后来他不再一味地追求身外之物，而是更加注重自身的成长和进步，变得充满智慧。

在这个事例中，面对苦恼和困惑的年轻人，大师其实告诉了他一个道理，那就是要学会简单生活，减少负重。现实生活中，绝大多数人都在做加法，他们不管看到什么好东西都想要拥有，在学习和工作上还想取得更好的成绩，又想和身边的其他人一样享受浪漫的爱情和温暖的家庭生活。如此一来，他们的内心日渐沉重，渐渐地把自己压得喘不过气来。而当他们学会做人生的减法之后，一切都变得不一样了。学会了做减法的年轻人，能够舍弃生命中并不重要的一切，例如更高的职位或更高的薪水，也不会为了爱面子爱虚荣就逼着自己去做不想做的事情。他们更多地关注本心，回归本性，这使得他们能够平衡好自己的内心，在做好人生加法的同时也做好人生的减法，从而更加理性地面对生命，拥抱生活。

"1+1=2"是几岁的孩子都能计算出来的，只可惜生活不是精确的数学题，而是模糊的。对于很多事情，我们都不能用一时的得失去衡量，对于人生的境遇，也不能完全凭着喜好就去界定。俗话说，人生不如意十之八九，对于人生的各种境遇，一味地做加法很难得出最好的结果，必要的时候也要学会做减法，给自己减负，让自己能够没有压力地轻松前行，这样才是更好的选择。

也有的时候，男孩之所以需要学会舍弃，是因为一个人的时间和精力总是有限的。有些男孩上进心特别强，总是希望自己能够全面发展，希望自己在很多方面都有出类拔萃的表现。其实这对于男孩而言是很难实现的，因为男孩只有有限的时间和精力，同时做一些事情的时候就会发生冲突。那么，为了尽力做好自己最想做的事情，男孩就要进行选择。在这样之前，男孩应该扪心自问，自己究竟想要怎样的生活，想要达到怎样的生活目标。千万不要小瞧放弃这个举措，因为放弃意味着失去，意味着暂时告别，意味着不再掌控，所以和得到相比，放弃需要更多的智慧作为支撑，放弃也需要男孩有决心和魄力。

高情商的男孩知道自己什么时候应该争取，什么时候应该放弃，也知道自己应该得到什么东西，应该舍弃什么东西。这都建立在男孩了解自己，有着明确的人生目标，也懂得取舍和进退的基础之上。

遗忘也是一种智慧

生活中，记性好的人占据很多优势，例如在学习的过程中能够更快更好地记住更多的知识，在工作中能够记住每一个客户的信息，这些对于学习和工作都是很大的优势。然而，在某些特殊的情况下，记性太好反而成为了一种劣势，会给我们带来很多烦恼。例如，和朋友吵架了，总是记着朋友做得不好的地方，因而迟迟不能原谅对方。当我们把好记性用于人际交往时，如果记住的都是他人做得不好的地方，那好记性就会成为我们的负担。在这种情况下，遗忘才是有智慧的表现。

现代社会生活中，不管是成人还是孩子，都面对着很大的压力。成人要为了工作而忙碌，只有赚取足够多的薪水才能养家糊口，孩子要为了学习而努力，必须取得好成绩才能得到父母的笑脸和夸赞。在网络时代里，好事和坏事都会传千里。每当有了不想让人知道的事情却被传得满天飞时，我们恨不得每个人都患上失忆症，这样他们就不会对我们议论纷纷了。由此可见，何时发挥良好的记忆力，让自己把很多事情都记得清清楚楚，何时发挥遗忘的智慧，让自己当即就忘记那些不该记住的事情，这是一种能力，也是一种技巧，更是有大智慧的表现。

很久以前，两个朋友结伴去旅行。他们既没有看过大海，也没有看过沙漠，因而相约先一起去看大海，再一起去沙漠中探险。在旅行刚刚开始的时候，他们相处得很愉快，彼此照顾，相互关心。然而，有一天他们发生了争执，朋友甲生气地给了朋友乙一巴掌。乙伤心地哭了起来，想不明白甲为何要这样对待自己。因为心绪难平，他把甲的所作所为写在了沙滩上。甲看到乙这样的行为，觉得乙很幼稚，对乙嗤之以鼻。旅行还在继续。很快，甲乙结伴来到了沙漠。沙漠里气候恶劣，很快，他们遭遇了沙尘暴。乙没有任何经验对抗沙尘暴，险些被风刮走，后来又被埋藏在流沙之后。甲一看看不到乙，马上就开始对乙展开救援。他拼尽全力才从流沙下面救出了乙。乙对甲感激不尽，当发现不远处有一块岩石时，他马上跑过去，用随身携带的小刀在岩石上雕刻下甲对他的救命之恩。甲更奇怪了，终于忍不住问乙："在海边，我打了你，你把怨恨写在的沙滩上。在这里有这么多沙子，你为何要费劲地把你想说的话雕刻在岩石上呢？"乙告诉甲："把怨恨写在海边的沙滩上，一个浪头扑过来，怨恨就会完全消除，不留痕迹。把感谢的话雕刻在岩石上，它永远都不会消失，就像我对你的感谢之意。"甲恍然大悟，感动不已。在接下来的旅程中，甲乙相处融洽，再也没有过争吵。

男孩要学习乙的做法，在被他人伤害的时候，学会宽容大度地对待他人，尽快忘记他人对自己的伤害；在受到他人恩惠或者帮助的时候，能够始终把他人的好处牢记于心，并且找机会回报他人。做到前面的一点需要学会遗忘，做到后面的一点则需要有好记性。在与人相处的过程中，男孩必须学会适时地记忆，适时地遗忘，这样才能在记忆和遗忘之间灵活地进行转换，也才能与他人之间建立良好的关系。

每个人记忆力的存储空间是有限的，如果我们心中只记住仇恨，那么我们就没有空间去记住美好。反之，如果我们总是倾向于记住那些美好的事情，那么我们对于糟糕的事情就会先有意识地遗忘，然后再习惯性地遗忘。也许男孩会说：一旦我遗忘了他人对我的伤害，他人再次伤害我怎么办？遗忘也要根据实际情况去进行。例如，对于那些恶意伤害我们的人，我们一定要牢牢记住，也要做好自我保护工作，避免自己再次受到伤害。对于那些无意间伤害我们的人，他们已经表现出懊悔，也已经诚恳地向我们道歉，那么我们就没有必要始终生活在对他们的仇恨中，搅扰得自己也心慌意乱，心神不宁。

每个人的心都是有限的容器，如果容纳了邪恶，就没有空间容纳美好；如果容纳了美好，就没有空间容纳邪恶。我们要用美好充满自己的内心，这样我们就会远离仇恨，让自己生活得更快乐。我们还要及时地消除和发泄不良情绪，保持心灵清净，让自己神清气爽地面对生活中的各种艰难困厄。

高情商的男孩要想拥有幸福的人生，感受到更多的快乐和满足，不但要发挥良好的记忆力，记住那些应该记住的东西，也要培养自己的遗忘能力，忘记那些不愉快的人和事情，也需在汲取经验和教训后忘记失败带来的沮丧失意。否则，当所有的记忆都在我们的心头积压时，我们就会因此不堪重负，内心也会变得压抑。我们应该放下思想的包袱，轻装上阵，这样才能驱散人生的阴云，让阳光完全照射在我们的心头，让我们的内心既充实又美好，既从容又不迫。

第07章

交际情商，
人脉是男孩立足社会必不可少的资源

欣赏别人是美德

很多男孩都不懂得欣赏他人，这是因为他们从小在家庭生活中作为一根独苗，不但得到了父母所有的爱，也得到了长辈所有的关注。不管有什么要求，都能在第一时间得到满足；不管做什么事情，都会得到父母和长辈慷慨的认可与赞美。日久天长，男孩会理所当然地认为世界应该围绕着他转，所有人都不如他，而他才是最完美的人。在这种心态的影响下，男孩会形成藐视他人的坏习惯，更别提欣赏他人了。这样的心态会让男孩在人际交往的过程中因为过于强势和不懂得欣赏他人而被他人排斥，进而使男孩陷入孤独寂寞之中，闷闷不乐。

对于身边的朋友，我们一定要尊重，也要发自内心地欣赏他们的优点。尤其是在竞争的同学、同事关系中，有些心思狭隘的男孩每当看到别人表现得比自己好时，就会愤愤不平，恨不得当即就把别人比下去。这显然是不可能做到的，因为人外有人，天外有天。如果男孩总是不知道天高地厚，总是不懂得欣赏他人，最终就会变成孤家寡人。高情商的男孩在比自己更优秀的朋友面前，会真诚地赞美对方，也会真心诚意地向对方学习。在此过程中，他们既以赞美拉近了自己与他人的距离，也会因为虚心求教让自己获得了极大进步，可谓一举两得。

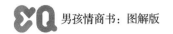

赞美是世界上最美妙神奇的语言，赞美的魔力超乎所有人的想象。当男孩以赞美的方式表达对他人的欣赏时，很快就能赢得他人的好感。

如今，很多男孩都感受到竞争的压力，他们总是会羡慕嫉妒那些比自己更优秀的人。这使男孩心思狭隘，也使男孩孤独寂寞。男孩要知道"人外有人，天外有天"的道理，更要知道只有懂得欣赏他人，才能与他人进行良好的沟通，进行深入的交往。男孩的宽容大度会给人留下良好的第一印象，还能赢得他人的尊重和信赖，让他们愿意与男孩交往。

春秋时期，管仲与母亲相依为命。他一心一意想要改变困顿的生活现状，为此结识了很多权贵，想要找到伙伴一起做生意，但是他始终没有如愿。有一天，管仲把母亲亲手编织的草鞋拿到集市上高价出售。整整一天，他虽然没有卖出去草鞋，又饥肠辘辘，但是却结识了他生命中的贵人——鲍叔牙。鲍叔牙在和管仲进行了交谈之后，非常仰慕管仲的才华，在得知管仲和母亲相依为命后，更是同情管仲的遭遇。鲍叔牙决定出资支持管仲做生意。凭着聪慧的头脑，管仲把生意做得很好。看到做生意赚取了利润，鲍叔牙只拿了很少的一部分，而把大部分利润都给了管仲。他真心诚意地帮助管仲，希望管仲能找到施展才华的机会。

鲍叔牙对管仲无条件支持。在战场上，管仲表现得贪生怕死，大家都指责管仲，鲍叔牙却知道管仲不是怕死之辈，他只是担心自己死了，无人照顾母亲。听到鲍叔牙为自己辩解，管仲感动不已，说鲍叔牙是他的知己。后来，鲍叔牙辅佐齐桓公登上王位，又向齐桓公推荐了管仲。齐桓公一开始对管仲心存芥蒂，因为管仲曾经辅佐过他登上王位的竞争对手公子纠。得知齐桓公的心思，鲍叔牙竭力说服齐桓公，任用管仲为得力助手。在管仲和鲍叔牙齐心协力的辅佐下，齐桓公把国家治理得非常好，国富民强，百姓安康。

在这个事例中，我们都要学习鲍叔牙。鲍叔牙对管仲特别欣赏，不仅出资给管仲做生意，还体谅管仲是因为老母亲才怕死，后来更是说服齐桓公重用管仲。对于管仲而言，鲍叔牙是他真正的贵人。如果没有鲍叔牙的欣赏，管仲就不可能获得后来的成就，说不定还会因为曾经辅佐公子纠而被齐桓公杀死呢。鲍叔牙的心胸特别开阔，他从不担心管仲的才华在他之上，会打压他的风头。实际上，鲍叔牙希望管仲有更好的发展，取得更加伟大的成就。

俗话说，尺有所短，寸有所长。在这个世界上，从未有绝对完美的人，也从未有一无是处的人。每个人在与他人相处的过程中，不光要有意识地学会他人身上的优点和长处，也要有意识地弥补自己身上的缺点和不足，唯有如此，才能不断地提升和完善自己，让自己也不断发展和进步。如果一个人总是故步自封，只看到自己的优势，而看不到他人的长处，还因此沾沾自喜，从来不把他人放在眼里，那么日久天长，他就会变得狂妄自大，招人讨厌。只有保持谦虚低调的心态，始终牢记"三人行必有我师"，认可和肯定他人的长处，欣赏他人，赞美他人，我们才能与更多更优秀的人同行，得到学习的机会。

具体来说，如何才能做到欣赏他人呢？对于高情商的男孩而言，要想做到欣赏他人，就要坚持做到以下几点：

首先，要尊重他人。尊重是人际交往的前提，我们只有尊重他人，才能得到他人的尊重。否则，如果我们不把任何人看在眼里，一则会招致他人的反感和厌恶，二则我们也会因为自我感觉良好而不能做到积极进取。

其次，要宽容待人，心胸豁达。很多男孩小肚鸡肠，遇到任何事情都爱斤斤计较，总是揪着别人的错误不放，这将会蒙蔽他们的眼睛，使他们看不到别人的优势和长处，自然也就不会向他人学习优点。

再次，要知道竞争对手的重要性。人们曾经说过，看一个人的底牌，看他的朋友；看一个人的实力，看他的对手。很多男孩虎视眈眈地看待竞争对手，生怕竞争对手的实力超过自己，其实这样的担忧完全没必要。我们的对手越是强劲，就越是能够激励我们不断进取，挑战和超越自我，与此同时，这也说明了我们的实力很强。反之，如果我们的竞争对手实力很差，那么则意味着我们也缺乏实力。并且，在与和我们的能力水平相差悬殊的对手展开竞争的过程中，如果我们轻而易举就能获胜，那么长此以往，就会让我们形成轻敌的坏习惯。

最后，不要苛刻地挑剔他人。俗话说，金无足赤，人无完人。每一个人都经不住被放在放大镜下面仔细观察，挑剔苛责。这是因为每个人都有缺点和不足，包括我们自身。我们既不要将自己的优点与他人的缺点比较，并放大他人的缺点，也不要将自己的缺点与他人的优点比较，并盲目地感到自卑，自暴自弃。每个人都需要客观中肯地认识和评价自己，也需要怀着宽容的心态去看待他人，真诚地欣赏和赞美他人，只有这样才能与他人之间建立良好的关系，凝聚深厚的感情。

宽以待人，赢得他人尊重

人们常说，严于律己，宽以待人。遗憾的是，很多男孩都把这句话打乱重新组合，变成了严于律人，宽以待己。对他人宽容，才是真的宽容；对自己宽容，只能说明对自己的要求很低；对自己严格，才是真的严格；对他人严格，只能说明我们态度苛刻，不近人情。所以男孩一定要始终牢记宽以待人的原则，这样才能赢得他人的尊重。

早在古时候，哲人就常说宽容是金，这句话告诉我们宽容和金子一样宝贵。其实，宽容比金子更加宝贵，是无价之宝。每个人都是普通人，而不是无所不能的神，既然是人就会犯错误，这一点无可指责。我们自己都不能做到绝对不犯错误，又为何要这样苛刻地要求他人呢？人非圣贤，孰能无过。当我们始终牢记这个原则，我们就会体谅那些犯了错误的人，也会更加友好地对待他们。有些人会在无意间伤害我们，我们也要学会遗忘，把别人对我们的伤害尽快地消除，而不要带着对别人的仇恨生活。因为这颗仇恨的种子并非种在他人的心里，也没有成长在他人的人生中，而是在我们的心中生根发芽，最终会影响到我们的思想和情绪。

曾经有一位名人说过，不要用他人的错误惩罚自己。这样劝说自己固然可以让自己减少愤怒，却不能帮助我们真正地做到宽容。宽容，应该是发自内心的主动选择，而不是权衡利弊之后的被动选择。当然，对于那些不能做到真心宽容的人而言，能够在权衡利弊之后选择宽容，也是很不错的。如果能够真正地解开心结，那么宽容的效果将会更好。

作为高情商的男孩，在与人交往的过程中，要本着宽容待人的原则，才能与他人之间建立良好的关系，也才能与他人之间有更好的沟通和互动。在此过程中，我们就能赢得他人的尊重和信赖。尊重和信任恰恰是人际交往的前提和必要条件之一，所以这也使我们与他人的交往中始终保持良好的状态。

那么，男孩如何做，才能坚持宽以待人呢？

首先，要允许他人有不同的看法或者提出不同的意见。很多男孩刚愎自用，他们认为自己所说所做都是对的，因而不允许他人有着和自己不同的看法和意见，甚至还会强求他人必须和自己保持一致。每个人都是独立的生命个体，每个人都有权利提出自己的意见和看法，每当与他人意见相左的时候，男孩要尊重他人的意见，而不要强求他人必须和自己保持一致。尤其是当成为管理者或者领导者之后，更是要始终牢记"兼听则明，偏信则暗"的道理，要做到积极地倾听他人的意见，如果在斟酌权衡后认为他人的意见很有道理，那么也可以采纳。

其次，分清楚坚强与软弱的区别，了解宽容的本质是坚强。很多人会把宽容误以为是软弱可欺，尤其是当他们发现男孩即使被提出反对意见也不会做出激烈的反应时，就更是会觉得男孩没有主见，很容易随波逐流，因而也就看低了男孩。宽容非但不是软弱可欺的代名词，反而是坚强勇敢的代名词。正是因为男孩有强大的内心，才不会强求他人必须顺从自己。

再次，宽容是洒脱。很多男孩总是患得患失，斤斤计较，尤其是在与自己的切身利益密切相关时，他们就更是睚眦必报。这样的态度完全没有必要，因为利益多一点或少一点，根本不会影响大局。如果关系到辩论的输赢，就更不要投身于口头上的战争中。既然每个人都有自己的主见，只要不会影响到事情的结局，又何必争执不休呢？即使意见是否统一将会影响事情的结局，我们也没有必要以争辩的方式达成共识，而是可以摆明事实，讲述道理，进而和平圆满地达成一致。

最后，宽容是忍耐。在人际交往的过程中，男孩难免会有被他人误解的时刻。在这种情况下，要相信时间能够说明一切，而不要认为给予辩解就能证明是对的。有些男孩在被误解之后还会恼羞成怒，当即就要对他人进行反击，这也不是明智的举措。常言道，清者自清。即使男孩面对误解保持沉默，随着时间的流逝，真相也终将浮出水面，还给男孩一个清白。退一步而言，如果事情原本无关紧要，又何必因此而引发口舌之争呢？只要做到问心无愧，就是对待自己最好的方式。

分享的收获

说起分享，有些男孩表示抵触，因为他们误以为分享就是失去。如果分享是失去，试问，谁愿意把自己所拥有的好吃的、好玩的东西彻底送给他人呢？除非关系亲密，甘愿为了对方付出，否则没有人愿意这么做。当男孩对于分享形成了这样的误解，在需要分享的时候，他们就会出于保护自己和自己所有财产的目的而拒绝。父母要想帮助男孩形成分享的意识，养成分享的好习惯，就要引导男孩理解分享的意义。

那么，什么是分享呢？分享不是失去，而是付出。既然是付出，就意味着有可能得到回报；分享不是失去，而是收获，既然是收获，就意味着分享者肯定会得到什么。看到这里，相信男孩会恍然大悟：原来分享是一门稳赚不赔的买卖啊，既然如此，我为何不分享呢？只让男孩形成这样的思想意识还远远不够，既然分享得到的回报是待定的，那么我们接下来就要让男孩切实感受到分享的快乐。对于一切分享者而言，快乐才是他们最大的收获和最美好的回报，这份快乐不需要被分享的人给予我们，而是我们在做出分享的决定和真正去分享的时候就已经能够得到的。

在成长的过程中，男孩应该养成乐于与人分享的好习惯。很多男孩之所以自私任性，不愿意分享，有以下几个原因。第一个原因，就是我们上文提到的，男孩认为分享是失去，所以拒绝分享。第二个原因，大多数男孩都是家里独生子，他们从小习惯了独占家里所有的资源，包括好吃的、好玩的，也习惯了有任何需求都第一时间得到满足。长此以往，男孩非但不愿意分享，还会变得越来越霸道呢！第三个原因，男孩本性自私。这个原因的可能性很小，因为并没有多少人天生自私，大多数人的性格只有一部分是天生的，还有一部分是后天养成的。所以父母不要觉得男孩天生就很自私，而是要多多引导男孩，例如可以在日常生活中和男孩分享一些好吃的食物，而不要把好吃的食物一股脑地塞给男孩独享。很多生活的细节和习惯如果能长期坚持下来的话，就会对男孩产生深远的影响。明智的父母会坚持从点滴处做起，引导男孩形成乐于分享、慷慨大方的良好性格。

在寒冷的冬日里，一个小男孩拎着一筐日用品，正在走街串巷地叫卖。他走了很远的路，浑身都被冻透了，肚子里空空如也，胃部正在以绞痛的方式发出抗议。男孩心灰意冷，他原本想以这样的方式为自己赚够学费，坚持读书，减轻爷爷奶奶的经济负担，却没有卖出去任何东西。他的父母早就去世了，除了靠自己，他还能靠谁呢？还是算了吧，不上学的话，就可以去打工挣钱，赡养爷爷奶奶了。这么想着，男孩走到一户人家门前。

他再也走不动了，脚底下像灌了铅一样沉重。他决定停下来碰碰运气，讨口热水喝，因为他已经不抱希望自己还能卖出去任何商品了。他敲了敲门，过了好几分钟，才有一个女孩打开了门。室外飘着鹅毛大雪，寒风刺骨，室内却温暖如春。男孩怯生生地问："请问，可以给我一杯热水喝吗？"女孩点点头，让男孩稍等片刻，就急急忙忙走回屋子里。女孩去了好几分钟，正当男孩以为女孩不会再回来的时候，女孩双手捧着一大杯热牛奶来了。男孩很忐忑，他浑身上下没有一分钱，根本付不起这杯热牛奶的价钱。但是男孩太饿了，他决定先喝了这杯热牛奶，再想办法送钱给女孩。男孩放下筐子，双手捧起热牛奶，小口小口地喝着。热牛奶很甜，一定是女孩特意加了很多糖。男孩觉得自己的身体渐渐暖和起来。

喝完牛奶，男孩问女孩："我可以晚些时候送钱给你吗？"女孩摆摆手，说："这是送给你喝的，不要钱。妈妈告诉我，赠人玫瑰，手有余香。能帮到你，我很快乐。"说着，女孩拿起牛奶杯准备离开，男孩再次对女孩表示感谢后也离开了。他的身体和心里都很暖和，他下定决心一定要完成学业。

若干年后，女孩已经变成了妇人，她身患怪病，四处求医，最终来到了省城最大的医院。医院组织各科专家针对女孩的疾病进行会诊，男孩看到患者的病例资料上写着他家乡的名字，心中不由得一震。他放下病例就往病房跑去。来到病房门外，透过病房的玻璃窗，他看到了那个熟悉的面庞。他的身体和心里再次感受到前所未有的温暖，他仿佛又变成了当年那个饥寒交迫、沮丧绝望的小男孩。他回到会议室，主动提出要当女孩的主治医师。在他的全力救治下，女孩恢复了健康。到了出院的日子，女孩拿着护士递给她的出院结算单，迟迟不敢看向金额那个栏目。她很清楚，为了看病，她已经花光了家里所有的积蓄。在结算单的那个栏目里，很有可能写着她负担不起的金额。许久之后，女孩终于鼓起勇气看向结算栏，她惊喜地发现，结算栏目里写着：一杯牛奶。爱德华医生。女孩潸然泪下。

心地善良的女孩当年主动热了一大杯牛奶给男孩，还在牛奶中加入了很多糖，给那个饥寒交迫、冻得瑟瑟发抖的男孩提供热量。当时的她一定没想到，若干年后那个男孩会成为她的主治医师，为她治病，还为她缴纳了所有的治疗费用。这就是分享的魅力。

其实，女孩在分享给男孩热牛奶的时候，就已经感受到了助人的快乐。她万万没想到自己还有这样意外回报。高情商的男孩应该学习事例中的女孩，拥有分享的精神，并坚持分享，乐于分享。有分享意识的男孩在待人接物方面都会更加慷慨大方，也会更加热情周到。尤其是在社会生活中，乐于分享的男孩很容易就能融入陌生的人群中，也会给他人留下良好的第一印象。如果你是一个不爱分享的男孩，那么从现在开始就改变吧。

要想帮助高情商的男孩做到乐于分享，就要坚持以下几点：

首先，要形成分享的意识。凡事都要思想先行，如果从思想上不能形成正确的认知，没有主动积极地去做某件事情的意识，那么男孩就不会做出相应的行为。所以形成分享的意识是培养分享习惯的第一步。

其次，要理解他人的难处和苦衷，具备共情能力。很多男孩之所以不愿意分享，是因为他们不能敏感地觉察到他人的痛苦，也不能真正地做到理解他人的苦衷。例如，有分享意识的男孩在看到乞丐的时候，会主动给乞丐钱或者物；没有分享意识的男孩在看到乞丐的时候，只会认为乞丐好吃懒做不值得帮助，却没看到乞丐是残疾人或者身患严重的疾病。对待同样一个需要帮助的人，具有共情能力的男孩就更愿意对他人伸出援手，没有共情能力就会表现得很自私和冷漠。

再次，要教育孩子乐于分享。在家庭生活中，父母要给孩子做好榜样，当着孩子的面与他人分享。在很多家庭里，父母本身就是很自私的，且比较吝啬，每当有了好东西，他们生怕被别人发现，只想关起门来自己家独自享用，压根儿不想被他人知道，更不想与他人分享。有些父母还会提醒孩子对于家里有什么要严格保密，从而避免被他人惦记上。不得不说，父母这样的行为对孩子的影响是极其糟糕的。明智的父母不会吝啬钱财或物品，如果他们做了好吃的，就会慷慨地分享给邻居；如果有了比较稀罕的美食，也就会当即提出要分享给爷爷奶奶或者姥姥姥爷。当父母心中有他人，做人做事也慷慨大方时，男孩就会在不知不觉间以父母为榜样，模仿父母的行为。除了模仿父母之外，男孩还可以模仿同龄人。例如，在男孩玩耍的小团队中，如果有小朋友很乐于分享，经常把自己的玩具给男孩玩，把自己的美食分给男孩，那么父母就要抓住这样的机会对男孩进行教育，让孩子知道分享者和被分享者都是非常快乐的。

最后，父母要真正地接受男孩的分享。在很多家庭里，父母在理性上知道要帮助男孩形成分享的意识，培养男孩分享的好习惯，但是等到真正做的时候，他们却反其道而行，这样的行为举动会让男孩特别困惑。例如，看到男孩拿着一盒冰淇淋，父母提出要品尝。男孩一开始不愿意分享，但是父母软磨硬泡，还给男孩讲了一些分享的道理，好不容易才说服男孩分享，在男孩挖了一大勺子冰淇淋递给父母吃的时候，父母却又说不吃。父母前后截然不同的表现会让男孩困惑，使男孩未来不愿意分享。父母要真正地接受男孩的分享，不管男孩分享的

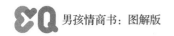

食物多么少，也不管男孩多么舍不得吃他的美食，父母都要真正接受分享，哪怕吃小小的一口。在男孩成长的过程中，当父母坚持这么去做的时候，男孩很容易就会形成分享的好习惯。当男孩习惯于和家人、亲戚、朋友、同学分享，他们在人际交往中就会如鱼得水，游刃有余。这是因为爱分享的男孩不管走到哪里都受人欢迎，他们是那么善良美好，那么慷慨大方，又会有谁会不喜欢他们呢？

真诚坦率地对待他人

做人应该真诚坦率，这样才能得到他人的尊重和信赖。反之，如果对待他人总是不够真诚，或者想方设法地欺骗他人，或者对他人隐瞒事情的真相，时间久了，他们就会对我们怀有质疑的态度，哪怕我们说的是真话，他们也不会相信。一旦我们给他人留下了糟糕恶劣的印象，再想扭转局面就会难上加难。

在人际交往中，第一印象的作用是非常深远的。有心理学家经过研究发现，人与人在见面很短的时间内就会形成第一印象，而且在此后的交往中，当相互之间的了解没有达到一定程度时，彼此之间的相处依然会遵循第一印象。由此可见，第一印象是非常重要的。从某种意义上来说，第一印象决定了我们与他人的交往是否顺利，也决定了我们与他人之间能否形成彼此尊重和信任的关系，能否产生相对亲密的感情。

　　有些男孩为人际交往的难题而烦恼，实际上人际交往并不难，被人际交往困扰的男孩大多数都没有掌握人际交往的秘诀。不管是男孩还是女孩，做人都要坦坦荡荡。尤其是男孩，因为性格比较粗线条，就更要光明磊落。只有做到这一点，男孩才能结交更多的朋友，也只有坚持做到这一点，男孩才能受人尊重。早在古时候，先哲告诉过世人"君子坦荡荡"就正是这个道理。

　　趁着寒假，亦凡要跟着爷爷学习下象棋。这一天，柏林来找亦凡玩，看到亦凡正在和爷爷下象棋呢！柏林曾经在兴趣班学过象棋，于是便主动提出要和亦凡杀一盘。亦凡根本不把柏林放在眼里，他暗暗想道：我爷爷可是象棋高手，我的象棋就是爷爷教会的，你培训班的老师可比不上我爷爷，理所当然地，你也就比不上我。

　　就这样，亦凡带着满脸不屑一顾的表情和柏林开始下象棋。爷爷在一旁观战，看到亦凡的表情，爷爷就知道亦凡必输无疑。果然，亦凡连续输掉了三局。趁着去卫生间的功夫，亦凡和正在客厅里看电视的爷爷说："爷爷，你快来帮帮我。"爷爷马上拒绝道："观棋不语真君子，难道你忘记了吗？"亦凡说："爷爷，你可以不语啊，你用手势给我发暗号就行。"看到亦凡动了歪心思，爷爷生气地说："亦凡，下棋输掉很正常，因为人外有人，天外有天。但是不管怎么输棋，我们都不能输掉气节啊！你这才输了三局，就要让我和你去作弊，其实爷爷教你下象棋也是在教你做人啊！"在爷爷的一番批评下，亦凡觉得很羞愧。接下来和柏林下棋，他输了也不懊恼，而是虚心地向柏林求教。就这样，亦凡和柏林从好朋友的关系又更进了一步，变成了好棋友。

与人相交要内心坦荡，而不要投机取巧。在这个故事中，亦凡想要取胜，所以才想找来爷爷当救兵。爷爷趁此机会给亦凡又上了一课，告诉亦凡下棋既是下棋，也是做人，相信亦凡在懂得了这个道理之后，就不会试图通过旁门左道获得成功了。

看到朋友表现得不如我们好，我们应该真心地帮助朋友；看到朋友面对困境，我们应该主动地向朋友伸出援手；看到朋友在某些方面做得比我们好，我们要为朋友感到高兴，也要发自内心地欣赏和赞美朋友。古人云，三人行，必有我师。每个人都有优势和长处，也有劣势和不足。我们既要正确看待自己和朋友，也要谦虚地向优秀的朋友请教。具体而言，男孩要做到以下几点：

首先，内心坦荡，做人真诚。即使看到朋友获得了成功，而自己遭遇了失败，也不要因此就急赤白脸，更不要因此就想通过旁门左道获得成功。

其次，看到朋友获得成功，要真诚地祝贺朋友。有些男孩心思狭隘，一旦看到朋友获得了成功，而自己却没有，他们就会因此内心失衡，愤愤不平。其实，有这么实力强劲的朋友对我们而言是好事情，我们恰恰可以向朋友请教，相信朋友一定会真诚地帮助我们提升能力和水平。

最后，要和朋友成为良性竞争的对手。人们常说，友谊第一，比赛第二，朋友之间的竞争正是如此。当朋友之间形成了你追我赶的关系，谁也不甘心落后于人时，反而可以起到互相促进的良好作用。记住，无论你多么忌妒朋友，你都要调整好心态，把忌妒转化为动力，切勿对朋友做出出格的举动。

总而言之，高情商的男孩要真诚坦率地对待他人，要公开公正地与他人展开竞争，而不要背地里使用一些下三滥的手段设计陷害他人，更不要以不正当的手段试图战胜他人。这样的成功胜之不武，是一种耻辱，而非一种骄傲。真诚坦率的男孩心胸开阔，与人相处时君子坦荡荡，很有大家风范。

打造影响力

在人际交往中，影响力的作用非常强大。例如我们在街道上走着，突然看到前面排起了长长的队伍，我们正在队伍外，根本看不到前面发生了什么事情。这个时候，还有人走到队伍尾巴处开始排队。这种情况下，我们该怎么做呢？也许理智告诉我们应该走到前面看一看实际情况再开始排队，但是我们很担心在去前面查看情况的时候，又有很多人会加入队伍中。这么想着，我们决定先排队，排到了再说。就这样，我们莫名其妙地加入了队伍，快排到的时候才发现，原来是一家店铺开业酬宾，正在以超低价销售榴莲酥呢。但是，我们恰恰最讨厌榴莲的味道，也就是说，我们白白花了半个小时排队。这个例子说的就是影响力的作用。在社会生活中，影响力往往表现为从众。

再举个例子。曾经有一档电视节目在马路上的十字路口进行了实验。最先到达的实验者看到是红灯，因为一直乖乖地站着排队。这个时候，又有很多不知情的人准备过马路，也加入了等红灯的队伍。最终，大家谁也没有抢过红灯，都等到人行道的指示灯变绿了才快速穿过马路。在第二组实验中，最先到达的实验者看到有几个行人等在十字路口的人行道上，于是假装闯红灯。这个时候，奇怪的一幕发生了，原本正在乖乖等着绿灯亮起再过马路的行人，看到参与实验者无视红灯过马路，在略微迟疑了片刻后，也都跟在参与实验者身后过马路了。看看吧，影响力的作用是如此巨大，不但能够号召人们遵守交通规则，还能让原本遵守交通规则的人无视规则。

那么，什么是影响力呢？所谓影响力，就是用他人愿意接受或者在不知不觉间接受的方式，改变他人的思想和行为。有些人是有意识地接受改变，而有些人却是在无意间被改变的。影响力既存在于相互信赖和相互感召的人之间，也存在于陌生人之间，例如上述的两个事例中，影响力就发生在陌生人之间。

高情商的男孩要想对他人施加影响，就要培养自身的影响力。有影响力的人很容易就能对他人施加影响，而没有影响力的人即使磨破了嘴皮子，也未必能够改变他人的想法。通常情况下，人们更愿意让自己信任和尊重的人对自己施加影响，这些人或是父母，或是关系要好的同学，或是师长，也有可能是某个领域的权威者，还有可能是孩子崇拜的明星。很多厂商都花费重金邀请明星为自己的产品代言，就是因为他们知道明星是富有影响力的，能够影响一大批粉丝，甚至是普通的观众。

东汉时期，大名鼎鼎的外交家班超极富影响力。有一次，他带领大军出使西域。在当时的条件下，使臣如果不能达成使命，就有可能被扣留下来作为人质，还有可能丢掉性命。班超对此毫不畏惧。到了西汉的一个小国家，班超和随从们先是得到了盛情款待，后来东道主对他们越来越疏忽怠慢，这个时候，班超推断出一定是北匈奴的使者也来到了这个国家，因而对东道主造成了影响。后来，班超证实了自己的猜想，意识到自己身陷险境。为了不辱使命，他当即开始谋划一件事情。由于担心其中一个下属因胆小而从中捣乱，班超还故意隐瞒这个下属开始实施计谋。最终，班超鼓动了其他随从趁着夜色火攻北匈奴的使团，也想给东道主颜色瞧瞧。结果，班超率众齐心协力，把北匈奴使团的人杀死了一大半，又烧死了剩下的所有人。东道主得知消息后受到震慑，对待班超一行人的态度马上大为转变。最终，班超率领大家转危为安，不但圆满完成了出使任务，还声名显赫呢！

在这个事例中，正是因为班超有破釜沉舟的决心，才能对其他人产生巨大的影响力。如果班超对于自己的计谋犹犹豫豫，拿不定主意，那么他的随从们就会更加举棋不定。由此可见，要想对他人施加影响力，我们就必须下定决心，打定主意。

高情商的男孩要想打造自身的影响力，就要做到以下几点。

首先，男孩要建立良好的人际关系。在相互尊重和信任的基础上，影响力将会发挥更为强大的作用。所以，男孩要建立以人际关系作为打造影响力的基础。在建立人际关系的过程中，男孩要表现出充分的自信。例如，男孩竞选班长，进行竞选演讲的时候，要很有魄力地说："我一定会带领大家把班级建设得更好。"而不要说："我想，我应该能和大家一起建设好班级。"用语言把信心和力量传递给全班同学，这是男孩成功当选班长的关键因素。

其次，男孩要有主见，有魄力，有决断力。很多男孩性格优柔寡断，越是在关键时刻，他们越是举棋不定，这样的人是无法成为领袖人物的。古今中外，所有伟大的人物都是团队中的核心和灵魂人物，越是在生死存亡的关键时刻，他们就越是能举重若轻，当机立断，既能给他人吃下定心丸，也能切实提出有效的解决方案。

再次，男孩要学会运用语言的力量，提升说服力。要想成为有影响力的人，就要用真实的沟通和表达效果作为证明。这要求男孩在说话的时候要有力度，要能做到以理服人，以情动人。

最后，男孩要以实际行动树立威信。高情商的男孩言出必行，因而能以实际行动为自己打造影响力。有些男孩则恰恰相反，他们说不出来有力的话，即使说得很好听，令人心振奋，但是却做不到。

影响力是一种综合的魅力，只有那些有决定有魄力、有勇气有决断力的男孩，才能影响他人。高情商的男孩在具备影响力之后，很容易就能成为团队中的核心人物，对他人施加力量。但是，打造影响力可不是一件容易的事情，男孩要从现在开始就努力做好每一件小事情，这样才能逐渐形成影响力。

第 08 章

积攒人情，

男孩必须知道的人际交往秘密

高情商男孩要多多结交朋友

常言道，多个朋友多条路。这句话告诉我们，在现实生活中，人际关系是至关重要的，每个人都要结交更多的朋友，才能在需要的时候得到朋友的慷慨付出和热情帮助。对于男孩而言，如果总是一个人形只影单，没有朋友，那么就不可能拥有快乐。反之，如果不管走到哪里都受人欢迎，身边也环绕着很多朋友，那么就会获得更多的快乐，内心也会更加充实。很多男孩都渴望获得成功，与此同时也知道，仅凭着自己的力量很难面面俱到，把每件事情都做得更好。既然如此，男孩就要学会借力，或者得到朋友的帮助，或者借助于他人的力量获得成功。不管是对于学习还是对于工作，男孩都要始终牢记得道多助的道理，并且以此为原则激励自己结交更多的朋友。

在现代社会中，人们把人际关系看得特别重要，也清楚地意识到要想获得成功，必须拥有丰富的人脉资源。作为男孩，如果志在四方，就更是要广交天下朋友，这样才能随着不断拓展人际关系，获得更多的助力，把握更多的机会，成就自我，成就人生。有些男孩清高孤傲，每当仅凭一己之力无法达到预期的目标时，他们也不善于向他人求助，而是会默默地独自承受。实际上，如今的各个生活领域和工作领域中分工都越来越细致，这就决定了每个人都需要与他人合作才能成就自我。男孩要认清楚这一点，在他人需要的时候主动伸出援手，在自己需要的时候也能积极地求助。唯有如此，男孩才能在日渐激烈的社会竞争中与朋友、伙伴守望相助，也才能充分发挥人际关系网络的重要作用，为自己的生命提供更多的助力。

　　大学毕业后，小南进入一家房地产公司工作，成为了一名销售顾问。小南很清楚凭着自己沉默寡言的个性，原本是不适合从事销售工作的，但是现在找工作很难，小南又不好意思在大学毕业后继续向爸爸妈妈要钱维持生活，因而只好仓促决定先当销售人员，将来有合适的机会再换一份更好的工作。带着这样的想法，小南的销售工作开展得并不顺利。他已经进入公司两个多月了，却依然形只影单，和同事之间的关系很疏远，对待工作的流程也不熟练。看到小南默默无闻的样子，主管很着急，又因为考虑到小南试用期还有一个多月就要结束了，因此主管决定帮助小南。主管对小南说："小南，销售工作是很锻炼人的。我认为你可以放开自己，尝试着去做。你看，你虽然已经进入公司两个多月了，但是和同事的关系却毫无进展。都知道要想当好销售，最好能够跟着老人学习，你与老同事这么疏离，哪里有机会获得进步呢！和你一起来的小雨，已经成功地销售了一套房产。我建议你多多向小雨学习。"在主管的鼓励下，也因为的确亲眼看到小雨赚取了很多佣金，小南决定拼尽全力在销售行业站稳脚跟。他主动和小雨搭讪，还会向小雨请教一些问题。原本，小南以为小雨会不愿意教他，却没想到小雨很热情，毫无保留地把自己所知道的销售知识和技巧教给小南。就这样，小南和小雨成为了最好的朋友，还成为了搭档，他们常常结伴工作，并取得了很好的效果。随着心扉敞开，小南与其他同事之间的关系也越来越好了，很快，他就变得受人欢迎，还顺利地销售了两套房产呢！

一个人如果总是把自己封闭起来，不愿意与外界有任何的沟通和互动，那么就会故步自封，使自己没有任何进步。就像事例中小南刚开始的样子，他虽然进入公司两个多月，但是与同事还很陌生。幸好主管不想放弃小南，努力说服小南向同事敞开心扉，让小南改变自己，与同事亲近，还使得小南在此过程中学会了如何销售，成功地搞定了客户。

每个人都要在人群中生活，如果始终不能融入团体之中，而让自己游离于团体之外，那么男孩就会孤独落寞，在做很多事情的时候都难以取得成效。只有把自己像一滴水一样融入大海，只有与其他人之间建立亲密无间的合作关系，男孩才能得到助力，才能增强自己的力量。

对于男孩而言，不管现在还是在校学生，还是已经离开校园走上了社会，都要知道朋友的重要性。朋友除了能给我们强大的助力之外，还可以在我们伤心的时候开导我们，在我们高兴的时候与我们分享喜悦。在刚刚结识朋友的时候，男孩需要注意的是，不要摆出一副高高在上、颐指气使的样子。没有人愿意被命令，也没有人愿意被他人居高临下地指挥。高情商的男孩会放低自己的姿态，主动向他人求教，激发他人好为人师的心理，这样才能与他人之间建立亲密无间的关系，增进与他人之间的感情。当男孩结交了更多的朋友，拥有了丰富的人脉资源时，男孩不管在学习方面还是在工作方面都会游刃有余，最终也会如愿以偿地获得成功。

主动与他人建立联系

很多男孩都不喜欢欠人情，与此同时，他们也往往采取明哲保身的态度，不会积极地参与与他人密切相关的一些事情。这使男孩的生存状态堪忧，他们每天都独来独往，很少与人交往。看起来很独立，实际上既不愿意帮助他人，也得不到他人的帮助。当男孩一直保持这样的姿态，就会变得越来越冷漠。实际上，男孩这样的做法从表面看来很拎得清，却把自己与他人隔绝开来，也使自己有利于人情社会之外。

有些男孩之所以不愿意与他人走得太近，是因为他们害怕在人际交往中吃亏。古人云，吃亏是福。很多情况下，男孩看似吃了亏，实际上是大有裨益。男孩不要害怕吃亏，要转变自己的思想，要认识到"赠人玫瑰，手有余香"的道理。对于熟悉的人，男孩可以主动帮助。对于陌生的人，男孩切勿觉得付出没有回报。因为当男孩真正帮助他人的时候，其实就已经获得了内心上的满足，这又何尝不是最好的回报呢？如果想清楚这个道理，就不会再因为害怕吃亏而不愿意伸出援手了。

在人际交往中，高情商的男孩既不怕吃亏，也不怕欠着别人的人情。他们借助于各种机会与他人你来我往，一回生，二回熟，很快就把关系经营得很好。男孩要采取主动的姿态，看到他人有需要，就主动对他人伸出援手，这样他人会记得男孩的好，也会找机会回报男孩。当男孩做到不计回报地对他人付出，相信一定会得到他人的尊重和信赖，也会在需要的时候得到帮助。所以不要再做清高孤傲的男孩了，从现在开始就积极主动地与他人建立联系吧，也许今日不起眼的人将来就会成为男孩的贵人，而男孩原本冷漠抗拒的心也会在帮助他人和被他人帮助的过程中变得越来越温暖，越来越有温度。

最近这段时间，晓明特别忙碌。原来，他一边工作一边正在准备考研，而现在已经到了考研之前的冲刺阶段。看到晓明分身乏术，每天都如同陀螺一样转个不停，小胡主动对晓明提出："晓明，我知道你在准备考研。这样吧，以后到点你就回家学习，我来帮你完成剩下的工作。"小胡是个貌不惊人但性格温婉的女孩。虽然晓明觉得很不好意思，但是他意识到每一分每一秒的时间都是无比珍贵的。这么想着，他对小胡表达了感谢。此后大概两个月的时间里，小胡每天都留在公司加班，帮助晓明做没有完成的工作。最后，晓明终于考上了研究生，他要离开公司了。他请部门里的人吃饭，其中就有小胡。他没有特意感谢小胡，因为他知道自己和小胡来日方长呢！原来，晓明感受到小胡的善良，很喜欢小胡的体贴，已经决定追求小胡做他的女朋友啦！

古人云，有心栽花花不开，无心插柳柳成荫。如今，社会上有很多大龄的青年男女还没有解决个人的终身大事，他们之中有的是因为忙于工作无暇解决私人问题，有的是因为一直没有遇到合适的恋爱对象。晓明和小胡的相识相知相爱，真是一段美好的佳话啊！小胡也一定没有想到，她这样的一个举动居然会让晓明深深地爱上她，最终收获良缘。晓明为何会爱上小胡呢？是因为他欠着小胡的人情。当然，这并不意味着晓明遵循老套的以身相许套路，向小胡报恩。他是因为感觉自己欠小胡人情，因而对小胡格外关注，也就渐渐地了解了小胡的人品性格，最终对小胡产生了好感，又从好感发展为喜欢。

每个人在生活、工作和学习的过程中，都有可能遇到各种各样的困难。如果一旦遇到困难就马上放弃，不能做到坚持努力，战胜困难，那么日久天长，我们就会一事无成。从这个意义上来说，我们应该全力以赴，必要的时候还要借力战胜困难。显而易见，很多情况下只靠着自己的力量是远远不够的。要想寻求帮助，我们就要做好欠人情的准备。男孩不要发愁欠人情，因为欠下的人情总要找机会去还，我们还有可能结交朋友呢！男孩也不要怕被人欠人情，那些欠着我们人情的人从未忘记自己需要偿还我们的人情，当然也就会更加关注我们。

每个人都是世界上独一无二的生命个体。如果没有亲人或者是朋友的关系，那么人与人之间会非常陌生。正是有了人情的牵扯，我们与他人之间的关系才会越来越亲密无间，我们与他人的互动也才会更加频繁。在这样的过程中，我们增进了与他人的关系，增强了与他人的感情，可能原本只算得上是陌生人，现在却在礼尚往来的过程中更加熟悉和亲密。

具体来说，男孩如何才能做到让他人欠着自己的人情呢？

首先，男孩要更加认真细致。很多男孩都大大咧咧的，他们自身的需求很少，也就会忽略他人的需求。事实告诉我们，男孩可以对自己糙一点儿，却要对他人更加用心细致。唯有如此，男孩才能及时觉察到他人的需求，也才能尽到自己的努力满足他人的需求。

其次，男孩要学会站在他人角度考虑问题。很多男孩在思考问题的时候都会从自身的立场出发，完全无视他人的需求和感受。这使得男孩根本意识不到自己需要满足他人的需求和感受。男孩唯有学会站在他人的角度考虑问题，才能体谅他人的苦衷，也才能真正做到为他人着想。

再次，男孩要不求回报地付出。如果男孩在付出的时候已经想好了要得到怎样的回报，那么他们就不是真心地帮助他人，而只是在以帮助他人为契机要挟他人，与他人谈条件。这样做未免有趁火打劫的嫌疑。真心想要帮助他人的男孩，在付出的当时不求回报，从而避免给对方造成压力。

最后，既要说得好听，也要做得实在。有些男孩巧舌如簧，总是把话说得很好听，却不能真正落到实处。也许刚开始的时候甜言蜜语的确能够打动人心，但是日久天长，这些假大空的话就会被人识破真面目，男孩也就失去了他人的信任。作为男孩，既要有好口才，也要有实干精神，才能把话说到他人心里去，也把事情做得让人无可挑剔。

当男孩在自己的人情账户中储存了大量的人情，那么男孩在做很多事情的时候，就能够得到他人的回报。有些男孩从来不储存人情，每当有需要的时候就去向他人求情，可远远没有动用人情储蓄更加方便啊！

男孩要知道的人际交往秘诀

人际交往还有秘诀？是的，只要掌握了人际交往的秘诀，男孩就能更顺利地建立人际关系，丰富人脉资源。高情商的男孩从来不会自以为是，他们谦虚好学，主动向他人请教，所以才能在很多方面都有更好的表现。看到秘诀二字，有些男孩会不以为然，而有些男孩却会告诉自己：反正学了也没有坏处，说不定就能派上用场呢？的确，即便秘诀不是社交的灵丹妙药，也有可能启迪男孩的思路，帮助男孩更好地与人相处。既然如此，就让我们一起来看一看，秘诀到底是什么，又有什么神奇之处吧！

男孩与女孩有着本质的不同，男孩往往性格粗犷，心思马虎，而女孩则性格敏感，心思细腻。正是因为如此，女孩在社会交往上，比男孩占据更大的优势。在社交方面，男孩可以有意识地向女孩学习，像女孩一样面面俱到地帮助他人，争取把很多事情做得更好。需要注意的是，男孩在与女孩相处的时候要保持好适度的距离，不要超越正常的距离，否则就会给女孩留下轻浮的印象。

具体而言，男孩的人际交往秘诀是什么呢？

第一点，要做到不卑不亢，落落大方。有些男孩交友心切，每当与人相处的时候，恨不得第一时间就能与他人建立良好的关系，为此他们会表现得很心急，也会刻意地逢迎和讨好他人。其实，男孩这么做非但不能如愿以偿，还有可能事与愿违。人人都有很强的自我保护心理，他们不希望自己被他人算计，而盼望纯洁美好的友谊，所以男孩与人交往时要坚持合适的态度，做到不卑不亢，落落大方。

第二点，男孩要有自己的原则和底线。所谓原则和底线，都是不可逾越和打破的。在社会交往中，与他人之间难免会产生矛盾和争执。在这种情况下，如果一味地退让，就会给人以可乘之机，还会给人留下没有原则的糟糕印象。有些男孩虽然很想与他人之间建立良好的关系，但是在涉及原则和底线的诸多问题时，他们却能够坚持原则和底线，的确让人心生敬畏。

第三点，男孩要维护自己和朋友的共同利益。正如人们常说的，这个世界上没有永远的敌人，只有永远的利益。这充分告诉我们，尽管世界上存在美好纯粹的感情，但是这也要以共同利益为首要条件。只有在共同利益的驱使下，各种人际关系才会发展更好，人与人之间的感情也才会更加深厚。

第四点，真心为朋友考虑。现代社会中，很多男孩的心里都只有自己，他们有很强的自我意识，形成了以自我为中心的错误思想。当能够做到真心为朋友考虑时，那他就能够打动朋友，也能够在与朋友相处的过程中把握好交往的界限，采取各种有效的措施拉近与朋友的关系，增进与朋友的感情。只有以真心才能换取真心，如果男孩不能首先做到对朋友真心相待，那么朋友也不会对男孩敞开心扉。

人与人之间，很多感情都是相互的，例如真诚、尊重、坦诚相见等。早在古时候，先哲就告诫过世人"己所不欲，勿施于人"，其实这句话反过来也是成立的，那就是"己所欲，施于人"。我们要以对待自己的心对待他人，也要以保护自己的措施和手段保护他人，这样才能在与他人的相处中建立友好关系，形成深厚感情。

路遥知马力，日久见人心

不管是男孩还是女孩，在结交朋友的时候，都要非常慎重，尤其是要看重朋友的人品。人品，是每个人立足人世的根基，也是每个人做人的根本。如果一个人人品很差，那么哪怕他能力再强，经济实力再强，我们也要远离他们。正如人们常说的，人品不好的人是废品，哪怕再有才华也不值得重用。交朋友也要遵循这个原则，才能把握好友谊，也才能与朋友之间建立亲密无间的关系。

有些男孩很愿意相信朋友，这样的做法很不稳妥。为何朋友一定要经受时间的考验呢？因为在时间的流逝过程中会发生各种各样的事情，越是遇到危急的情况，男孩就越是能够看清楚朋友的真心。很多有钱的公子哥身边有很多狐朋狗友，一旦自己落难，所有的朋友就马上消失得无影无踪，这就验证了这些朋友都是不值得信任和托付的。患难见真情说的就是这个道理。

大学毕业后，张宇和几个朋友合作创业，开创了一个小小的公司。公司成立之初，他们不断地集资投入，而很少见到收益，因而每个人都全身心投入工作中，为了给公司创造效益拼尽全力。也许是因为缺乏经验，也许是因为实力不足，这家小公司勉强支撑了一年的时间，就濒临倒闭。这个时候，朋友之间闹起了矛盾，有人想把本金收回，有人想要一定的分润，只有张宇还想继续努力，把公司做起来。面对着朋友们离心离德的局面，张宇只好提议："我把所有的本金都还给大家，请大家给我半年的时间筹集资金。否则，按照公司现在的局面，最后大家的投资只会有去无回了。"听了张宇的话，朋友们转念一想：现在要求撤出，连本钱都拿不回来，不如就把公司给张宇，这样至少半年后还能要回本钱。

这么想着，大家都同意了张宇的提议。在这半年的时间里，张宇废寝忘食，如同陀螺一样连轴转，最后终于带领那些愿意继续留在公司的员工为公司争取到好几个大订单，让公司起死回生了。这个时候，正好到了半年之期。张宇正在清算，想把大家的本钱退给大家，却没想到大家对此议论纷纷：公司困难的时候不退钱，现在开始盈利了，就想把我们一脚踢开！这是什么人啊，本金免费给用了半年，连一点儿说法都没有！听到大家的议论，张宇也觉得很委屈，当初是他独自承担起公司破产的风险，允诺半年后给大家退还本金，并且大家也都是同意的。可现在，大家又为何说些不讲道理的话呢！为了彻底解决问题，张宇召开了会议。果不其然，大家都不同意退出本金了，因为他们都等着分钱呢！但是，张宇独自经营公司很累，却没有人愿意来到公司帮忙。无奈之下，张宇只好解散了公司，把所有的本金和利润都按照投资比例进行了分配。做完这件事情之后，张宇拿着自己仅有的钱，又东拼西凑了一些钱，独自开起了公司。因为有此前的经验，张宇这次经营公司得心应手，又因为还有此前积累的很多客户，所以张宇才开业不久就有了订单。他精打细算，一方面开源节流，另一方面加紧速度拓展业务，再一方面，他对那些曾经忠心耿耿追随自己的老员工绝不亏待，给了他们每人5%的股份，还为他们安排了很好的职位。就这样，张宇把公司经营得风生水起，那些曾经的合作伙伴都懊悔不已。

常言道，有钱能使鬼推磨，那么没钱呢？没钱的时候，人们就不愿意同甘苦共患难了。所以当遭遇经济危机的时候，我们就能看清楚那些平日里围绕在我们身边的人是真朋友还是假朋友，也能采取相应的态度对待他们。

现代社会，经济发展的速度越来越快，人们生存的环境随之瞬息万变。在社会生活中，尽管整体的氛围是很稳定的，但是也难以避免有些人会内心浮躁，不满足于现状。那么作为团队的一员，不管决定采取怎样的策略或者方式方法，都应该以整体利益为失。

为了在与他人深入交往之前，了解他人的为人品行，我们还可以观察他的朋友。俗话说，看一个人的底牌，就要看他的朋友。如果对方的朋友也都是品行端正的人，那么对方往往不会错。古人云，物以类聚，人以群分，就是这个道理。如果对方有很多狐朋狗友，而且都很不着调，那么就需要花费更长的时间观察对方的人品。总而言之，高情商的男孩一定要结交可靠可信的朋友，而不要仓促地就对朋友托付真心，否则一旦发

现朋友人品不佳，就将追悔莫及。

珍惜那些不可替代的朋友

前文说过，多个朋友多条路。正是因为朋友很重要，所以男孩才要更加积极主动地结交朋友。然而，当男孩拥有很多朋友的时候，就会发现朋友之中也是鱼龙混杂，有些朋友是真朋友，有些朋友是假朋友，有些朋友可以患难与共，有些朋友却只知道大难来临各自飞，有些朋友可以肝胆相照，有些朋友却只能说三分话。当然，男孩并不会读心术，不能在第一时间就识别朋友的真心假意，而是要在和朋友朝夕相处的过程中感受朋友的真心。在生活的磨难中，依然留在我们的身边，对我们真心付出和忠诚守护的人，才是真正值得我们珍惜的朋友，也是我们不可替代的朋友。对于这样的朋友，我们一定要用心对待，也要维持好彼此的友谊，因为一旦失去他们，就是巨大的损失。

在古时候，君子常说知己难求。随着时代的发展，人们变得越来越浮躁，人与人之间的感情也发生了微妙的变化，对于友情的认知与理解也变化了。如今，人与人之间依然有真情，有纯粹的爱，但是这并不意味着朋友之间不能有共同的利益。很多朋友之间的利益都是一致的，正是因为如此，他们不但志同道合，而且目标一致。所以，新时代的朋友关系不但讲究真心实意，还要追求共同获利。

现代社会，虽然不像封建时代那样有着等级森严的社会阶层，但是却有生活的圈层。所谓圈层，指的是我们生活的圈子，以及这个圈子所在的层面。看到这里，也许有些男孩会感到纳闷，不是不能把人分为三六九等吗？既然如此，为何要划分圈层呢？其实，圈层不是划分出来的，而是自然形成的。在相对应的圈层里，生活着相对应的人，我们属于哪个圈层，就拥有哪个圈层的生活。要想改变自己的圈层，我们就需要不断地努力，坚持去拼搏，最终提升自我，让自己进入更高的圈层。

有的时候，生命中一些重要的人能帮助我们扭转命运。对于这样的朋友，我们一定要认识其宝贵，也要用心维护与其的关系。否则，一旦失去这些对我们大有助益的朋友，我们就会失去助力，也会降低生活的圈层。

有些男孩特别理想主义，他们认为必须与身边的每一个朋友都保持同样的远近亲疏的关系。其实，这样的想法是不现实的。因为每个人的时间和精力都是有限的，就像对待学习不可能把时间和精力均分到每一门科目上一样，对待朋友，男孩也不可能真正均分时间和精力。明智的男孩会根据自己在不同科目的表现来合理分配时间和精力，也会根据在与不同朋友的关系来花费不同的精力维护友谊。很多情况下，绝对的公平并不是真正的公平，真正的公平应该以实际情况为基础，做到合理分配。

在发展人际关系的过程中，高情商的男孩过河不会拆桥，而是吃水不忘挖井人。对于那些介绍自己认识更多朋友或者关键人物的人，男孩会特别看重，也会对其心怀感激。细心的男孩会发现，虽然现代生活中人们有了更多的方式来发展人际关系，但是实际上人际介绍这种传统的方式依然是我们结交朋友的重要途径。在这种情况下，我们必须饮水思源，时刻想到正是因为有了中间人的介绍，我们才能与新的朋友相互认识，相互帮助。从另一个角度来看，当新朋友看到男孩始终不忘介绍人，也会对男孩形成良好的印象，赞许男孩的为人。

遗憾的是，有些男孩对于介绍人总是忽视，甚至有意识地疏远。在通过介绍人认识了自己想结交的朋友后，他们或是轻描淡写地感谢介绍人，或是给予介绍人很少的好处，并且认为自己这样做就已经还清了介绍人的人情。人情账是最难算的账，如果人情账可以用金钱来衡量，用物质来偿还，那么世界上也就没有人情账这一说了。男孩只要从他人那里得到恩惠或者好处，就要始终将其铭记在心，而不要总是认为人情账好还。有这种想法的男孩社交商很低，而且鼠目寸光，根本没有想到自己有一天还有可能有求于人。人们常说，书到用时方恨少，男孩可不要等到用人的时候才想起来去维系与他人的关系啊！正确的做法是，在平日里就注重维系与他人的关系，这样到了真正有求于人的时候，男孩才能顺利地求得帮助和支援。

有些人特别热心，不管男孩遇到什么问题，都会马上用心地帮助男孩，给男孩出谋划策。在人脉资源中，这样的朋友也许不那么位高权重，从实用意义上来说不值得男孩巴结，但是这样的朋友才是真心的朋友，是可遇而不可求的。在丰富的人脉资源中，这样的朋友少之又少，男孩一定要特别珍惜，不要因为朋友身份卑微就看轻朋友，也不因为朋友不能切实帮到自己就疏远朋友。最终男孩一定会认识到，只有这样的朋友才会始终陪伴在自己的身边，不管自己是贫穷还是富有，不管自己是得意还是落魄，他们都不离不弃，相依相伴。

最好的朋友，当然是知己。古诗云，莫愁前路无知己，天下谁人不识君。这是在送别之际安慰朋友的话，而实际上，知己可遇而不可求，所以先哲才会感慨"得一知己足矣"。有些人一生之中从未拥有过知己，那么，男孩如果已经有了知己，就要万分珍惜。知己，是把朋友更亲近和更值得信赖的人，他们彼此心意相通，志同道合，对于很多问题都有相同的看法，或者即使出现意见分歧，也能尊重、欣赏对方。知己，是我们心灵的共鸣者，是我们人生中不可或缺的陪伴者。有知己的男孩是非常幸运的。

第 09 章

口才情商，
口吐莲花的男孩更让人喜欢亲近

此时此刻，站在你面前的是全郡最糟糕的男孩，你可要小心保护好自己，以免被他伤害。

学会赞美，让男孩口吐莲花

在这个世界上，所有人都喜欢赞美，因为赞美是最能够打动人心，使人心花怒放的语言。作为男孩，要学会赞美，要不吝啬赞美他人，这样即使面对陌生人，也能瞬间拉近自己与他人之间的关系，给他人留下好印象，赢得他人的好感，从而顺利地建立良好的人际关系。

语言，人际沟通的桥梁。人与人之间要想表情达意，实现沟通的目的，就要借助于语言。如果男孩不擅长运用语言表达自己，或者木讷寡言，甚至一句话就说得人暴跳如雷，那么就难以通过语言建立良好的人际关系。如果男孩很擅长运用语言与人沟通，那么就会把人说得哈哈笑，也能加速打开他人的心扉，走入他人的内心。语言表达的方式多种多样，最为稳妥的好方法之一就是赞美。这是因为人都有趋利避害的本能，人人都想听好话，而不喜欢被批评、被否定。男孩要想成为语言大师，先要读懂人的心理，才能做到把话说到他人的心里去。

也许有些男孩会认为，语言的力量是很弱的，并不会对人产生真正的影响。其实，这样的想法是错误的。语言的力量非常强大，一句责备会让人的心情瞬间降低到冰点，而一句赞美能瞬间融化他人心中的坚冰。所以不要小瞧语言的力量，如果男孩还没有见识到语言的力量，那么只能说男孩还没有能力驾驭语言。高情商的男孩知道赞美具有无穷的魔力，他们也很擅长运用语言的力量来达成自己的目的，例如与人交好，打开他人的心结，等等。尤其是在社会交往中，语言的力量更是不容小觑。那么，男孩如何做才能把赞美的话说得恰到好处，让赞美起到最佳的作用呢？

第一点，赞美必须发自真心。有些男孩知道人人都喜欢赞美，就以赞美的话对他人敷衍了事，殊不知，不是出自真心的赞美往往不能起到预期的效果。赞美必须是真心真意的，这样才会更有力量。敷衍了事的赞美总会被他人识破，甚至不如平淡无奇的语言更加真诚，更能打动人心。

第二点，赞美要及时。有些男孩具有很强的惰性，他们明知道自己应该及时赞美他人，却因为各种各样的原因不断拖延。最终，他们等到过去了很久才想起赞美他人。任何事情都要讲究时效，赞美也是如此。

第三点，赞美要具体而生动。有些男孩为了赞美而赞美，例如他们会空洞地夸赞他人"你真棒""你太厉害了""你是好样的"。他们误以为这样的赞美效果显著，却没想到这样的赞美丝毫不能在他人心中激起浪花，这是因为他人知道这样的赞美是虚情假意，是应付了事。当赞美具体而又生动时，听到赞美的人就会感受到赞美者的用心。例如，夸赞孩子聪明不如夸赞孩子把数学作业完成得很好，字迹工整，而且正确率百分之百。相信孩子在听到如此具体的赞美时，就能知道父母已经认真仔细地检查过他们的作业，而且也真的看到了他们付出的努力。这样一来，孩子当然会鼓足力量，再接再厉。

第四点，赞美他人不为人知的优点。对于那些出类拔萃的人，赞美要更加用心，更加慎重。他们身上显而易见的优点已经被很多人赞美了很多遍，继续赞美这些优点很难奏效。聪明的男孩会极力赞美对方身上不为人知的优点，让听到赞美的人真切地感受到男孩的用心，赞美达到的效果也一定是最佳的。

小时候，卡耐基是个不折不扣的捣蛋鬼。他总是给大家添很多麻烦。卡耐基九岁那年，父亲又娶了一个妻子。结婚当日，父亲带着新婚妻子回到家里，指着卡耐基说："此时此刻，站在你面前的是全郡最糟糕的男孩，以后你可要小心保护好自己，以免被他伤害。"听到父亲的话，卡耐基尴尬地低下头。这时候，继母却蹲下来，看着卡耐基的眼睛，温柔地抚摸着卡耐基的头，说："他可不是全郡最糟糕的男孩，他是全郡最聪明的男孩。"卡耐基惊讶极了，他万万没想到继母会这样评价他，他眼睛里含着泪水，感动地看着继母。

后来，在继母的引导下，卡耐基一改往日调皮捣蛋的模样，他变得非常努力上进。卡耐基很清楚地知道是继母的慧眼识珠和先发制人的赞美彻底改变了他的人生。

如果继母和父亲一样认定卡耐基是全郡最调皮捣蛋的男孩，那么卡耐基一定会变本加厉，而不愿意改正自己的不良言行。幸运的是，卡耐基有了一个懂得赞美他的继母，是继母的赞美让他认识到原来他也是有优点的，也是与众不同的。从此之后，卡耐基才有了信心，也才立志改变自己。作为成功学励志大师，卡耐基很看重赞美的作用，常常教授给学员们赞美的技巧。

作为高情商的男孩，一定要以赞美在第一时间就让人打开心扉，给他人留下良好的第一印象。虽然人际交往有很多秘诀，但是赞美是其中非常重要的一个。赞美并不需要我们付出更多，而只需要我们真心地说就能取得良好的效果。赞美不但能够帮助我们与陌生人消除隔阂感，也能帮助我们与熟悉的人搞好关系，还能够激发他人的潜能，让他们朝着我们所期望的样子改变。总而言之，赞美是非常神奇的，赞美也拥有强大的力量。从现在开始，就让我们不要吝啬自己的赞美，用自己最美妙的语言给予他人最真诚的夸赞吧，相信我们与他人的关系将会因此发生神奇的改变，我们与他人的生活也将会发生奇迹！

用兴趣打开他人的话匣子

人是群居动物，每个人都要在人群中生活。如果说在农业时代人们还能在一定时间内做到自给自足，那么在现代社会，即使为了满足吃喝拉撒等基本的生理需求，人们也需要频繁地与他人接触。既然进行社交，就离不开语言沟通，语言沟通既是人际交往的桥梁，也是社会交往的基本形式。

在社交生活中，每个人的人际圈子都在持续扩大，认识的人越来越多，不但要与熟悉的亲戚朋友进行沟通，在很多情况下，还必须与陌生人进行交流。很多男孩在社交方面都面临困境，因为他们不知道如何与他人交往，也不知道如何与他人通力合作完成很多艰巨的任务，更不知道如何才能如愿以偿地与他人建立良好的关系，形成深厚的情谊。这并不意味着男孩存在社交障碍，事实证明很多男孩之所以在社交中感到举步维艰，只是因为他们不知道如何打开他人的话匣子。而一旦与他人彼此熟悉，男孩就会谈笑风生，充满幽默感，还能逗得他人哈哈大笑呢！所以男孩面临的第一个难关，也是最重要的难关，就是要打开他人的话匣子。

唐突地与他人搭讪，并不是明智的举动。现代人都很警惕，对于陌生人的突然接近，很多人还心怀抵触。男孩要想消除他人的戒备心理，可以以兴趣为切入点，打开他人的话匣子，这样就能让交谈顺利展开。如果男孩面对的是陌生人，还不知道对方对什么感兴趣，那么还可以先与对方搭讪，在搭讪的过程中观察对方对哪些话题更感兴趣，这样就可以通过察言观色确定对方的兴趣所在，从而做到投其所好。

面对一个不感兴趣的话题，很少有人能够始终保持谈兴，顶多假装一下，让对方不至于太尴尬。反之，面对自己特别感兴趣的话题，人们就会谈兴浓郁，甚至还会抢着表达自己的各种观点。这样的反应是很容易区分的，明眼的男孩一眼就能看出来。

有些男孩其实内心很喜欢与人沟通，但是却因为不能顺利地迈出第一步，也不相信自己能够打开他人的话匣子而选择沉默。人与人之间的沟通恰恰要靠着你一言我一语去进行，如果男孩始终保持缄默，谈话的气氛就会沉重得仿佛凝固了一般，令人难以忍受。有的时候，不一定需要进行语言沟通才能确定陌生人的兴趣点，也可以以观察的方式，敏感地捕捉到对方感兴趣的话题。举例来说，如果一个人手中正拿着相机到处摄影，那么可想而知他对摄影感兴趣；一个人正在遛狗呢，那么可想而知他肯定很喜欢狗，自然会对关于狗的话题感兴趣。在公园里，如果我们遇到带着孩子的妈妈，那么孩子就是最好的话题切入点；如果我们看到有个人每天早晨都坚持绕着公园跑一圈，那么说说与运动有关的话题总是没错的。有些男孩正是因为能够及时准确地发现他人的兴趣点，所以才能顺利地与他人展开攀谈，也才能够最大限度激发他人的谈兴。

作为一名幼儿课程的推销员，张强最喜欢去的地方就是公园或者游乐场。这是因为在这些地方很容易就能遇到带着孩子的父母或者老人。只要以孩子为话题与这些成人搭讪，就可能获得成功。说起孩子，父母的脸上会洋溢着慈祥的笑容，当着孩子的面，他们拒绝的方式总是彬彬有礼，从来不会如同一盆冷水浇在炭火上一样让张强的心中哇凉哇凉的。张强对此感到很神奇，却也乐此不疲。

这一天，阳光明媚，张强决定不去室内的游乐场，而是来到了有着很大沙坑的公园。果然，很多孩子都在沙坑里玩沙，他们的父母则坐在沙坑旁边的椅子上观察着孩子的情况。有一个孩子好像玩累了，去到妈妈的身边喝水、休息。张强赶紧拿着一个气球走过去，说："您好，送个气球给您家孩子玩。您家孩子真可爱啊，小脸肉嘟嘟红扑扑的，就像一颗鲜嫩的苹果。"听到张强的话，孩子妈妈露出和善的笑容，说："小孩子的苹果肌都很发达，还有点儿婴儿肥。"张强问："这个孩子有五岁了吗？"孩子妈妈回答："才三岁半呢！"张强故作惊讶地赞叹道："哇，她好高啊，比一般孩子高多了。"再次得到张强的赞美，妈妈更加心花怒放。就这样，张强顺利地和这位妈妈攀谈起来，还把课程的彩页和自己的名片都给了这位妈妈。没过几天，这位妈妈就给张强打电话，和张强预约时间带着孩子去试课呢！

在这个事例中，张强的搭讪方式特别成功。作为幼教机构的课程推销员，他很清楚每个父母都认为自己家的孩子是最棒的、最优秀的，因而他们最喜欢听到的话就是赞美自家孩子的话。张强恰恰投其所好，把赞美的话说了一遍又一遍，因而让那位妈妈消除了心中的戒备，敞开心扉和张强交谈起来。有的时候，孩子在一边玩耍，父母在旁边观察孩子的情况等待着，也会有些无聊，如果正巧有个不那么令人讨厌的人还能给他人提供一些有用的资讯，那么他们会很乐意与之交谈。

男孩们，每当与他人沟通的时候，你们是否因为曾经某一句话说得不对而导致冷场呢？面对陌生人的时候，你们是否几次欲言又止，却始终不能鼓起信心和勇气搭讪呢？有这样的情况都是正常的，因为没有人是天生的语言大师，也没有人有火眼金睛，能够一眼就看穿他人的兴趣爱好。高情商的男孩一定要更加细致地观察，也要更加用心地思考，这样才能发现他人的兴趣爱好所在，因而顺利地以谈论他人感兴趣的话题为契机，与他人缩小距离，拉近关系，从而展开交谈。

说服就是以情动人，以理服人

人与人之间是完全独立的，每个人都有自己的思想观念。然而，在人交往的过程中，当每个人都坚持己见时，矛盾和分歧也就应运而生。虽然我们都不想和他人争执，但是为了说服他人，也避免自己被他人说服，我们难免会呈现出据理力争的状态，这使得我们与他人之间的关系剑拔弩张，一触即发。不得不说，这是很糟糕的。有些问题并不需要争出个胜负输赢，我们应该劝说自己放下得失心，保留自己的意见，与此同时也接受他人的意见。只可惜能够想明白这个道理的人很多，真正能够做到这一点的人却少之又少。当现实的情况要求我们必须说服他人时，我们就更是会情不自禁地开始唇枪舌剑，与他人展开口舌之战。如果说服他人最终是以失去他人这个朋友为代价的，那么这样的说服是不成功的，充其量只能称为唇舌之战。真正说服他人，要做到以情动人，以理服人，还要让他人心甘情愿地改变自己的意见和看法，接受我们的观点。强迫别人做出改变也许很容易，但是说服他人主动做出改变却是难上加难。所以，在说服工作中，每个人的语言运用能力都会得到淋漓尽致的展现。

说服，既是一门学问，也是一门艺术，还是一门技术。高情商的男孩要想建立良好的人际关系，就要努力提升自己说服他人的水平。在说服他人的时候，男孩不要急功近利，更不要强迫他人必须接受自己的观点，而是要有耐心，要循序渐进地引导他人。说服最重要的是过程，而不是结果。有些男孩急于达到结果，使得被说服者心口不服；有些男孩对被说服者动之以情，晓之以理，如同春雨润物一样细致无声地滋润和改变他人的心意，最终达到了最佳的说服效果。俗话说，强扭的瓜不甜，说服也同样遵循这个道理和原则。如果男孩采取的方式太过激进，还会激发起对方的逆反心理，使原本已经动摇的对方继续摇旗呐喊，参与到对峙之中。显然，男孩并不想要这样的结果。

升入初二之后，乐乐与班级里一个叫悦悦的女孩关系很亲近，超越了正常的同学关系的界限。老师赶紧打电话给乐乐妈妈，说了乐乐的情况。妈妈在接收到这个消息之后变得很紧张，当天晚上就开诚布公地和乐乐谈论了这个问题。毕竟乐乐已经十四岁了，情窦初开也正常，所以妈妈准备开门见山和乐乐聊聊。

让妈妈惊讶的是，乐乐也许是因为感受到妈妈的态度，所以对于自己对悦悦的好感供认不讳。他说："我是喜欢悦悦，但是我又不想做什么出格的事情。"妈妈苦口婆心地劝说了乐乐很长时间，乐乐还是以"喜欢悦悦没有影响学习"为由，不愿意接受妈妈的意见。妈妈想要继续说服乐乐，这个时候，乐乐说："你还没有我们的年级组长张老师开明呢！张老师前段时间和我进行团员谈话，还说只要正常交往，就是值得提倡的。"妈妈当即意识到乐乐一定误解了张老师的意思，因而对乐乐说："首先，你并不孤僻，老师没有必要鼓励你和同学多多交往；其次，你和悦悦的交往已经超越了正常的范围，所以老师才会提醒你要和同学正常交往，其实她一直在强调正常二字，就是想委婉地提醒你不要早恋。"妈妈分析得头头是道，乐乐一时间不知道该怎么说。过了许久，他又说："你们不就是担心影响我学习么！事实证明，我喜欢悦悦并没有影响我学习。"妈妈斩钉截铁地说乐乐说："你想问题想得太简单了。就算没有影响你学习，学校里也是不允许早恋的，家里也不允许早恋。你是班长，在班级里甚至年级里都有一定的影响力。如果你公然早恋，老师还怎么把你树立为榜样，号召同学们向你学习啊！而且，你这样的行为对整个班级甚至年级的风气都会起到不好的影响。"在妈妈的一番分析之下，乐乐这才恍然大悟，认识到自己的举动是不好的。他发自内心地认识到错误，并表示愿意积极地改正。后来，乐乐渐渐地把握好与悦悦相处的尺度，和悦悦成为了好朋友。

很多父母都为青春期孩子早恋的问题而烦恼。有些父母火暴脾气，恨不得当即就禁止孩子早恋，纠正孩子的错误行为，其实这样做只会导致事与愿违。明智的父母知道，孩子在进入早恋的年纪时，他们的逆反心理也会很强，如果父母强制打压孩子，孩子就会因为叛逆而故意与父母对着干。所以面对孩子的早恋现象，明智的父母会尽量控制住自己，引导孩子认识到问题的严重性，而不是一味地批评、否定和打击孩子。在上述事例中，妈妈采取的方法非常好，她控制住怒气，心平气和地与乐乐沟通，所以乐乐才愿意对妈妈说出自己心中真实的感受。任何形式的亲子教育都要以顺畅的亲子沟通为基础，如果亲子沟通出现问题，那么父母即使有再好的教育理念也无法向孩子传达，更无法将其运用到孩子身上。

有些父母认为自己是家庭生活的权威，因而对孩子居高临下地命令或者强求孩子做各种事情。孩子小时候很依赖父母，也许会因为父母的权威而屈服，但是随着成长，他们的自我意识逐渐增强，在这种情况下，父母再想"压迫"孩子显然已经不可能做到了。所以，明智的父母会改变对待孩子的方式，从对孩子下命令到像朋友一样和孩子谈心，了解孩子真实的想法和感受，只有这样才能给出孩子有效的建议，也才能真正做到说服孩子。

不要逞口舌之快

有的人言辞犀利苛刻，仿佛一把刀子扎在他人的心上，还有可能因此而激怒他人，让他人暴跳如雷，做出冲动的举动；有的人言辞温柔，通情达理，不管说出什么话来，都能打动他人的心，让他人愿意听从，也愿意配合。前者会把小事变大，大到引起严重的后果，不好收场；后者会把大事化小，息事宁人，让结果可控，不至于那么糟糕。毫无疑问，前者是逞口舌之快的人，他们也许迄今为止还没有因为口无遮拦而给自己和他人带来伤害，但是如果他们从来不加以收敛，那么将来就很有可能导致结果变得更加糟糕。后者呢，则是言语谦和的人，这意味他们的内心也很平和，所以会把善良与平和带给自己和周围的人，营造出友善融洽的交往氛围。

逞口舌之快有什么好处呢？毫无好处。既然如此，为何还有那么多人逞口舌之快呢？是因为他们内心空虚，软弱无力，所以只能以动动嘴皮子这样的方式发泄内心的愤恨，又因为受到愤怒的驱使，他们在泄愤的时候往往不假思索。不要认为只是说两句狠话不会引起什么严重的后果，但是在现实生活中，很多恶性事件都是因为口舌之快引起的。犀利的语言就像是人世间最锋利的剑，真正的利剑只会刺伤人的皮肉，而语言的利剑却会刺伤人的内心。这样的伤痕看不见摸不着，也许正在流血，从外表却丝毫也看不出来。

高情商的男孩心地善良，不要用犀利无情的语言嘲笑、挖苦、讽刺他人，也不要以这样的方式让他人的内心种下对我们的仇恨。多个朋友多条路，多个敌人多堵墙。更何况这样的方式会让我们在无形中得罪他人，而自己却毫不自知呢？俗话说，明枪易躲，暗箭难防。当那些心怀芥蒂的人趁我们不注意报复我们的时候，给我们带来的往往是灭顶之灾。语言不该是伤人的利器，而应该成为友谊的温床。好言好语的男孩会收获更多的友谊，恶言恶语的男孩只会为自己的言辞付出代价。

现代社会中，人际关系是至关重要的，甚至关系到我们能否在关键时刻得到他人的帮助。所以高情商的男孩要看重友谊，要抓住各种机会结交朋友，而不要因为一时冲动就不管不顾，肆意发泄。如果一定要说逞口舌之快有什么好处，那就是能够帮助我们暂时发泄怒气，让我们在当时感到酣畅淋漓。但是这片刻的痛快将会给我们带来长久的痛苦，最终我们不得不承担由此引起的恶果。到那个时候，我们会追悔莫及，哀叹说出去的话如同泼出去的水一样再也收不回了。有的时候，言语给人带来的伤害，会使人觉得比受到肢体攻击更加痛苦。

高情商的男孩不管是说话还是做事，都要给自己留下后路。如果因为一句冲动的话就切断了自己的退路，那么是得不偿失的。试问自己：在人生的旅途中，你是希望不管走向哪个方向都有坦途，还是希望不管走向哪个方向都被高墙把去路堵住呢？每个人都会选择前者，那么就要知道人生的每一条路都是我们有意或者无意间铺好的，要想让自己的人生条条大路通罗马，我们就必须谨言慎行，管好自己的嘴巴。

要想避免逞口舌之快，男孩要做到以下几点：

首先，要控制好自己的情绪。口舌之快就是因为冲动导致的。男孩必须控制好情绪，让自己始终保持理智和清醒，才能为自己的言行负责。如果男孩因为愤怒而失去理智，根本不知道自己在歇斯底里的状态下说了什么或做了什么，那么其后果可想而知。

其次，要学习表达的艺术。说话是一门艺术，同样的一句话，以不同的方式说出来，或者惹恼他人，或者逗笑他人。我们当然希望起到更好的效果，那么就要斟酌自己应该以怎样的方式表达，而不要口无遮拦。男孩可以多多看看名家的演讲，学习如何以文明的语言把话说得更有力度，还可以经常看幽默笑话书，学会意在言外的幽默表达方式。如果语言不能很好地表达自己的意思，男孩还可以借助于神态表情和肢体动作来表情达意，只要能够让对方意会到自己的真实意图即可。

再次，要谦和，而不要使用语言暴力。前文说过，语言的力量不容小觑，会像一把利剑刺穿人的心灵，使人的心中鲜血直流。男孩要有宽容的心和博爱的胸怀，即使发现别人犯了错误，或者被别人无意间伤害，也要宽容他人，体谅他人，而不要以语言的暴力激发他人心中的怒气，使事情的发展走向不可控。每当这时，男孩可以想一想那些因为言语冲突而发生的恶性事件，并以此为戒，提醒自己不要滥用语言暴力。

最后，男孩要养成积极表达的好习惯。有些男孩在成长的过程中养成了不良的表达习惯，例如喜欢使用感情强烈的感叹句或带有质疑意味的反问句等。这些糟糕的表达习惯会让原本很顺畅的沟通变得艰难起来，所以男孩除非必须，最好不要使用这些带有强烈感情、质疑意味的句式。即使被他人这样对待，男孩也要控制好自己的情绪，要彬彬有礼地回答，因为这样的礼貌周到会让对方觉察到自己的错误，并积极主动地做出改变。

掌握批评的艺术

很多男孩都被父母批评过，他们知道被批评的滋味并不好受。在看到标题的时候，他们可能会感到费解：批评还有艺术？批评的话总是很难听，不管怎么说，也不能让人感到愉快吧！这么想的男孩一定没有被艺术地批评过，接下来，就让我们深入了解批评的艺术，争取掌握批评的艺术吧！

毋庸置疑，和被批评的沮丧失落相比，被肯定和赞美带来的成就感，是让人更喜欢的。正是因为如此，尽管很多男孩都知道，只有那些真心为我们好的人才会毫不留情地批评我们，但是他们依然无法做到心甘情愿地接受批评。面对批评，男孩的战斗—逃跑反应机制就被激发了，他们就像是一只好斗的公鸡一样时刻做好战斗准备。要想改变这样的应对机制，避免因为遭到批评就与他人闹得不愉快，男孩要认识到他人批评我们的目的不是对我们展开人身攻击，而只是为了提醒我们哪里可以做得更好，哪里必须马上改进。换一个角色，如果男孩是批评者，也同样需要牢记批评的目的，这样男孩才不会把批评变成泄愤，也才能让批评起到预期的效果。

以恰当的方式批评别人，对方就会知道自己哪里做得好、哪里做得不好，从而摆正心态，接受批评，也积极地改正错误；以糟糕的方式批评他人，会引起他人的反感，激发起他人的逆反心理，使他人明知道自己犯了错误或言行不当，却偏偏要继续坚持错误的做法，就是不愿意承认错误，更不愿意改正错误。一旦事情朝着不可控的方向发展，被批评者就会怀有破罐子破摔的错误想法，非但不愿意提升和完善自己，还会使自己的言行更加恶劣。作为批评者，高情商的男孩在批评他人的时候一定要避免犯这样的错误，而是要讲究方式方法，才能事半功倍。

具体而言，在批评他人的时候，高情商男孩要做到以下几点：

第一点，语言要委婉，切勿伤害他人的面子。批评他人的目的不是对他人展开攻击，而是为了让他们改正错误，所以批评并不必须是声色俱厉的。即使使用委婉的方式，只要能起到说服的效果就好。

第二点，以赞美的方式批评，表达出自己对对方的期望。很多人批评他人，恨不得把他人打击得体无完肤，使得批评导致了更糟糕的后果。明智的男孩会以赞美的方式批评他人，从而对他人提出自己的期望，相信他人在得到这样的激励之后，一定愿意努力做得更好。

第三点，三明治批评法。三明治批评法，就是先认可对方，再指出对方的不足，最后对对方提出期望。这样就把批评用赞美和期望包裹起来，使被批评者不会因为遭受批评而觉得难以接受。

第四点，先进行自我批评，再批评他人。很多事情的责任人并不是唯一的，男孩不应该把所有的责任都推卸到他人身上，而是应该先进行自我反省，认识到自己在这个错误中起到了怎样的作用，承担着怎样的责任。在批评他人之前，先进行自我批评，这样被批评者就不会觉得我们的批评是难以接受的，反而会感动于我们主动承担责任呢。

这次道法课的辩论赛上，乐乐花费了很长时间给本小组的成员都写好了辩论词，大家需要做的就是在辩论时慷慨激昂地把辩论词大声说出来。因为在辩论之前，乐乐才把写好的辩论词给大家，所以大家并没有时间熟读辩论词。有个组员在辩论的时候，居然把辩论词读得磕磕巴巴。就这样，乐乐小组在辩论赛中落败了，乐乐为此特别懊恼。然而，冷静下来想一想，他认为自己在这件事情中也有责任。

辩论比赛结束后，乐乐对那位同学说："这次辩论比赛失败，主要责任在我。我准备辩论词太晚了，没有提前给大家，所以大家没有时间熟读辩论词，导致说的时候气势不足。下一次，我一定要提前准备好辩论词，让大家有充足的时间去准备。下一次，你也记得要把声音变得更加洪亮啊，这样至少可以从气势上压倒对方。"这位同学羞愧地点点头，说："对不起啊，你为我们准备了这么好的辩论词，却被我读得乱七八糟。其他人都准备得很好，就是我拖后腿了。"有了这次的经验教训，在又一次辩论比赛时，大家全都精神抖擞，提前做好了准备，齐心协力在辩论比赛中获得了成功。

乐乐的情商很高，在批评那个同学的时候，他没有劈头盖脸地数落那个同学，而是以自我批评的方式先进行自我检讨，最后才委婉地给那位同学提出建议。在乐乐的带动下，那位同学也积极地进行了自我批评，最后也取得了大家的理解。

面对他人的指责，我们会马上进入戒备状态，开始为自己辩解。乐乐的自我批评方法好处在于，乐乐是在进行自我批评，所以不会引起他人的戒备。在这种情况下，乐乐自然而然地对他人提出建议，他人当然会接受。最重要的是，在乐乐的榜样作用下，那位同学也积极地开展了自我批评，从而起到了最佳的批评效果。这就是批评的艺术。

拒绝要把握分寸

现实生活中，很多男孩都不懂得拒绝他人。面对他人的请求，他们常常勉为其难地答应下来，却又因为自己分身乏术或者能力不足，而无法圆满地完成任务。最终，男孩尽管费心尽力，却没有达到预期的效果，还落得被埋怨的下场，让自己陷入尴尬，可谓损失惨重。当然，我们要教会男孩学会拒绝，并不是要让男孩变得自私，不愿意帮助他人，而是要教会男孩在心有余而力不足的情况下，不要盲目地答应或者允诺他人，又因为不能兑现承诺而让自己变得被动。毕竟每个人的时间和精力都是有限的，男孩也是如此。男孩要先把有限的时间和精力用来做自己该做的事情，要知道只有在心有余力的情况下，自己才能帮助他人。

每个人都会遇到各种各样的难题，有的时候，仅凭着一己之力，往往不能顺利地解决难题，这就需要我们求助于他人，得到他人的助力。也可以说，每个人都有过求助于他人或者被他人求助的经历，只要处理得当，这就将会是美好的经历。反之，如果处理不当，就会使自己和他人都很难看和尴尬。在考虑是否接受他人的请求时，男孩要明确一点，那就是必须从自身情况出发决定是否帮助他人，也要在答应他人的请求之前就考虑到自己能否兑现承诺。如果答案是否定的，那么就要委婉地拒绝他人，让他人抓紧时间想办法寻求他人的帮助，或者通过其他途径解决问题，这才是对自己和他人负责的表现。

很多男孩都不懂得拒绝，他们认为拒绝很难，这是因为他们通常不懂得如何拒绝也没有掌握拒绝的方法。他们总是担心被拒绝者因此而心生不悦，甚至对他们怀恨在心，也害怕因此而失去一个朋友。如果男孩犹豫不决，这就意味着男孩对被拒绝者的伤害更加严重。所以明智的男孩会尽快思考和抉择，如果有能力就慷慨地帮助对方，如果能力不足就恰当地拒绝对方，这才是最好的解决方法。

要想让拒绝恰到好处，一定要把握分寸。有些男孩在拒绝的时候特别夸张，或是夸大了自己所面临的困难，或是过于抬高对方，这些做法都会给人以过犹不及之感。不管采取哪种方式拒绝他人，男孩都要把握好分寸，这样才能让拒绝起到最佳的效果。那么，在把握分寸的前提下，男孩可以使用哪些拒绝方法呢？

首先，可以诉说自己的实际困难。需要注意的是，最好不要捏造困难，否则就会伤害彼此之间的情谊。要告诉对方自己有实际困难，也可以把自己的困难展示给对方看，这样对方就能理解我们的拒绝行为，而不会因此对我们怀恨在心。

　　其次，要适当抬高对方。即使被拒绝，他人也不愿意被贬低，更不愿意被嘲笑或者讽刺。所以在拒绝他人的时候，我们可以以贬低自己的方式抬高他人，让他人意识到我们并非不愿意帮忙，而真的是心有余力不足，从而赢得对方的谅解。

　　再次，要尽力为对方找另一种方法。当我们凭着自己的能力无法帮助对方时，为了表达我们的诚意，我们可以为对方指出明路。对方如果真的走投无路，也许会采纳我们的建议；对方如果还有其他的出路，那么也可以选择忽视我们的建议。

　　最后，可以允诺对方在一段时间之后帮助对方。如果对方能等，我们要兑现承诺；如果对方等不及，那么他们自然会想出其他方法解决问题。

　　今天放学，哲哲喊住乐乐，想和乐乐借用语文笔记。还有三天就要语文考试了，乐乐每天晚上都需要用到语文笔记复习，所以乐乐拒绝了哲哲的请求。看到哲哲失落的样子，乐乐对哲哲说："哲哲，白天的时候，我可以把笔记借给你，你可以利用课间抄写。或者，我最后一天可以不复习语文，把笔记借给你。你觉得哪种方式更合适呢？"哲哲想了想说："要不我等到最后一天用你的语文笔记临时抱佛脚，这两天我先复习其他科目。"就这样，乐乐和哲哲约定，在最后一天把语文笔记借给哲哲用。乐乐呢，就抓紧时间在这两天复习语文。等到最后一天，乐乐如约把笔记借给了哲哲，哲哲对乐乐能信守诺言表示非常感动。

在这个事例中，乐乐虽然拒绝了哲哲的请求，但是哲哲并抱怨乐乐小气。因为乐乐虽然没有当即把语文笔记借给哲哲使用，但是他却为哲哲提出了一个更加可行的解决方法，那就是每天白天或者等到最后一天把笔记借给哲哲使用。这远远比直截了当地拒绝哲哲效果更好，也让哲哲看到了乐乐诚意。

不管采取怎样的方式拒绝他人，我们都要真诚友善，也要把握好分寸。如果们做得很过分，或者故意耍弄对方，那么对方在识破我们的诡计之后，就不会再愿意与我们交往，我们也就彻底失去了这个朋友。

很多时候，越是对于关系亲近的人，男孩就越是不好意思拒绝。即使自己真的有实际困难，男孩也会因为拒绝他人而心怀愧疚。当男孩一直犹豫着不知道如何拒绝对方时，反而会耽误对方的时间，使对方在终于被男孩拒绝之后没有足够的时间想办法解决问题。对于这种情况，男孩要意识到最好的解决办法就是一口回绝，让对方自己去想其他办法解决问题。这样一来，说不定对方还能圆满解决问题呢。俗话说，一个篱笆三个桩，一个好汉三个帮。男孩们，如果你们有能力，就要帮助他人；如果你们能力不足，就不要耽误对方的时间，要直接拒绝对方，这样对方才能当机立断地再继续想办法解决问题哦！

在日常生活中，要多练习以恰当的方式拒绝他人，也要有意识地提升自己的语言表达能力，这样才能在拒绝的时候委婉地表达，从而避免伤害他人。

第 10 章

快乐情商，

让你的生活永远风清月明

自信的男孩更快乐

在生命的历程中，男孩既会感到快乐，也会有烦恼。但快乐更多还是烦恼更多，并非取决于外界，而是取决于男孩的内心，取决于男孩是否自信。充满自信的男孩不管面对怎样的境遇，都从不怨天尤人，而是能够扬起人生的风帆，始终坚持前行。相反，缺乏自信的男孩即使生活顺遂如意，也会因为不能完全满意而怨声载道。他们总是抱怨自己失去的太多，得到的太少，而从未想到自己贪心不足，其实早已经陷入了欲望的深渊。由此可见，男孩要有一颗自信的心，才能从容应对人生的所有境遇，得意时绝不张狂，失意时绝不沮丧，从而云淡风轻、从容不迫地度过这一生。

有些男孩看到其他人总是开开心心就心生羡慕。他们暗暗想道：为何命运如此不公平，从来不让我感到满足，却给予他人想要的一切。这么想的男孩实际上不知道，每个人都有每个人的烦恼，每个人也有每个人的快乐。男孩越是这样盲目地羡慕他人，越是会陷入自怜自艾的怪圈之中无法自拔。男孩要有理性的眼睛，既要看到自己获得了多少，也要看到他人失去了什么，从而认识到命运总是公平的，从来不会偏袒任何人，也不会故意与任何人过不去。如此男孩才能坦然面对命运的一切安排和一切赐予。

其实，男孩是被他人快乐的表象蒙蔽了。那些快乐的人未必顺遂如意，只是因为他们充满自信，即使身处逆境也从不抱怨，所以他们看似气定神闲，无忧无虑。古往今来，每一位成功者也许没有出色的能力，没有得到贵人相助，但是他们一定都充满自信。自信激发了他们的潜能，让他们可以化险为夷度过困境，自信也让他们的内心充满希望，使他们在面对所有困厄的时候都能坚持到最后；自信也让他们充满了积极向上的能量，使他们打造出正能量场，也吸引了更多自信乐观的人留在他身边，从而让他们互相鼓励，互相支持，互相帮助。自信具有神奇的魔力，能够让男孩在面对各种境遇时依然快乐和乐观。

乐乐报名参加了学校里的演讲比赛。这将是他第一次登台演讲，在此之前，他只是在班级里参与过小组辩论而已。乐乐很担心自己在演讲过程中会忘词，因为他想脱稿演讲，他觉得这样才更有气势，也显得更酷。乐乐之所以在还没有做好心理准备之前就报名了演讲比赛，是因为他知道自己很胆小，他不想给自己反悔的机会。然而，眼看着比赛的日子越来越临近了，乐乐忐忑不安，甚至还出现了失眠的状况。即便自己已经报名了，乐乐还是打起了退堂鼓。他找老师请辞，老师却斩钉截铁地告诉他："既然已经报名了，就不能改变了，你还是全力以赴参加演讲吧！"乐乐没有退路了，他静下心来，想道：

"既然已经不可改变了，横竖都要去演讲，那我还紧张什么呢！"这么想着，乐乐决定背水一战。

比赛那天，乐乐在自己的手掌心写下了演讲的关键词，防止自己忘记演讲的内容，可以起到提示的作用。看到其他同学都紧张得满头大汗，在后场的乐乐反而安慰其他选手："哎呀，想明白了也没有什么可怕的，就假装自己正在空无一人的礼堂里排练好了。实在害怕，就不要盯着观众看，可以看后门的地方。"乐乐不知道大家有没有采用他所说的方法，但是他自己采用了这个方法，事实证明把目光放空效果很好，因为乐乐的演讲最终大获成功。有了这次成功的经历，乐乐变得更加自信，并且更积极地报名参加类似的活动，希望从中感受到充实、快乐和力量。乐乐进入了良性的成长状态，他更自信，更快乐，更快乐，更自信，很快就因为积极的表现成为学校里的知名人物，全校的老师和学生都知道乐乐，也都很喜欢乐乐。为此，乐乐还结交了其他年级的同学呢！

没有自信的人不管做什么事情都会畏缩胆怯；充满自信的人不管做什么事情都勇往直前，因为他们相信自己只要拼尽全力，就能呈现最佳状态，他们也做好了遭遇失败的准备，并且希望从失败中汲取经验和教训，获得成长。没有谁能保证自己在每一次尝试中都获得成功，最重要的是，面对成功不骄傲，面对失败不气馁，这样才能更加坦然和从容。

如果说人生是无边无际的海洋，那么我们就是海洋上的船只，自信则是灯塔，给我们指引岸的方向；如果说人生是无边无际的沙漠，那么我们就是沙漠里的旅行者，自信则是沙漠里的绿洲，给干渴的我们提供清凉；如果是人生是一场没有硝烟的战争，自信则为我们吹响了前进的冲锋号，让我们鼓足勇气冲向敌人的阵地，与敌人拼搏厮杀。男孩们，从现在开始，就让自己的内心充满自信吧！你们要相信相信的力量，要相信相信能够创造奇迹，更要相信你们能够在自信的支撑下给生命带来源源不断的动力！

每个男孩都有权利追求快乐

人生如果没有快乐，就像绿洲中没有水，将会变成干涸的沙漠。人生如果没有快乐，就像花园里没有花，将会变成一片荒芜。人生需要快乐的滋养，快乐不但使人振奋精神，充满勇气，也能让人生更加充实，绚烂绽放。遗憾的是，现实生活中，很多男孩每天都愁眉紧锁，仿佛他们生而就是为了受苦受难的，仿佛他们生命的历程中没有任何事情值得他们开怀一笑。男孩们到底怎么呢？为何他们与快乐绝缘了呢？有些男孩认为命运不公，亏待自己；有些男孩看身边的人都不顺眼，也不喜欢任何人；有的男孩认为自己学习成绩不够优秀，没有权利享受快乐；有些男孩抱怨父母没本事，没有给他人创造更好的条件……当男孩产生这些想法的时候，就意味着他们会失去快乐。

怨天尤人、不知满足、挑剔和苛责他人，是男孩失去快乐的根本原因，会推动男孩距离快乐越来越远。实际上，每个男孩都有权利追求快乐，也应该主动地追求快乐，这样才能距离快乐越来越近，也才能在生命的旅程中始终与快乐常相伴。

在现代的社会生活中，不管是成人还是孩子，都承受着巨大的压力。成人要为了维持生计努力工作，还要照顾好家庭生活；孩子呢，则要承担起学习的重任，有些父母还把教育焦虑的情绪转嫁到孩子身上，让孩子也因为学习而备受煎熬。生存不易，这已经成为不容争辩的事实。既然如此，父母就不要过早地让男孩承担成人世界的压力和焦虑，而是要为孩子营造轻松愉快的生存环境，也要为孩子提供更好的成长条件，这样男孩才能尽情享受无忧无虑的童年。从成长的角度来说，孩子只有拥有无忧无虑的童年，才能在长大成人之后拥有强大且充盈的内心。

有些男孩不快乐，是因为他们给予了自己太大的压力，压得自己甚至喘不过来气。在学校里时，他们要求自己每次考试都要取得好成绩，不允许自己出现任何差错；进入职场之后，他们要求自己对待每一项工作都尽善尽美，不允许自己有任何纰漏；面对生活，他们总是与人攀比，希望自己住的房子最大，开的车子最豪华……攀比，过高的目标，不断的追求，让男孩在不知不觉间迷失了自己，也从来感受不到快乐的滋味。

人生中，即使拥有再多的名利权势，都只是身外之物。如果失去了对生活的感受、失去了对生命的执着和热爱，那么男孩就算是枉费了这一生。高情商的男孩要始终牢记，追求快乐是他的权力，也是他的终极人生目标。不管做什么事情，不管实现多少目标，男孩都应该通过这样的方式获得快乐，否则所做的一切就毫无意义。

生活的压力使很多人都保持紧绷的状态，就像一根弹簧，如果始终处于极限状态，而不给自己松弛的机会，那么很快就会失去弹性，变成一根毫无用处的绳子。人也是和弹簧一样，需要张弛有度，劳逸结合，否则就会彻底失去活力。换一个环保领域的专业术语来说，男孩要保持可持续发展的状态。为了实现目标去消耗时间和精力，在此过程中要不断地给自己充电，补充自己的能量，增强自己的能力，必要的时候要进行充分的休息，从而让自己的心灵也得到休憩，这样男孩才能保持身心的良好状态，更加执着地追求快乐，全身心投入地享受快乐。

男孩需要注意的是，所谓追求快乐，并不是要放弃生命中的追求，无所事事地混吃等死。有些男孩对于追求快乐形成了误解，认为既然要追求快乐，就不能再辛苦地劳作，就不能再为了实现目标而废寝忘食。实际上，实现人生的梦想与追求快乐并不冲突。做自己想做和应该做的事情本身就能获得莫大的快乐。所以男孩要把这两者统一起来。举个简单的例子来说，有些男孩把学习看作是纯粹的付出，认为学习很辛苦，而从未想过自己在学习的过程中也在收获知识，也在获得幸福。当男孩发自内心地热爱学习，把学习当成是一件乐事时，哪怕为了学习付出再多的努力，他们也不会觉得苦和累，而是会以此为乐。

男孩们，快乐来自你们的内心，来自你们对梦想的坚持，来自你们对困难的藐视，来自你们对未来的渴望和憧憬。从现在开始，让快乐在你们的心中生根发芽，开花结果吧，要相信快乐的人生将会创造奇迹，快乐的人生将会给予你们与众不同的未来！

笑一笑，十年少

人们常说，笑一笑，十年少。年纪大的人爱笑可以变得更加年轻，年纪小的孩子们爱笑，就会感受到更多的快乐和满足。高情商的男孩总是面带微笑，还常常开怀大笑。这样的男孩更能够得到命运的青睐，常常好运相随。然而，命运不会总是善待我们，而是经常会和我们开残酷的玩笑。每当这时，如果男孩依然笑口常开，那么不但会让自己鼓起信心和勇气去勇敢地战胜坎坷的境遇，而且能够感染身边的人，让身边的人也更加积极乐观。

现代社会中，很多年轻的男孩也很注重个人形象。他们会和女孩一样定期进行皮肤护理，还会使用一些护肤品。这意味着男孩也越来越看重自己的形象，希望给他人留下美好的印象。男孩要知道，再精致的妆容也比不上微笑的魔力。有些男孩走高冷男神范，总是不苟言笑，表现出一副酷酷的模样，也不喜欢与人打交道，为此他们常常很孤独。面带笑容的男孩则完全不同，因为他们以微笑面对他人，所以也能得到他人的微笑。对于当生活的环境中充满了微笑，充满了善意，可想而知男孩的心情一定更加愉悦。

这个周末，小宇代表学校参加区里的英语演讲比赛。在等待的时间里，小宇非常紧张。虽然他在学校的演讲比赛中发挥得很好，但是他担心自己因为紧张而忘词，那可就丢人丢大发了。看到小宇紧张的样子，旁边的一个男孩笑着问小宇："你紧张吗？我还挺紧张的。"听到男孩和自己一样紧张，看到男孩微笑的样子，小宇说道："我也有点儿紧张。不过，我们还是别紧张啦，紧张也不能逃跑啊。算了，反正伸头也是一刀，缩头也是一刀，既然如此，我们还是把头伸得长长的吧！"小宇的话逗得男孩哈哈大笑，小宇自己也忍不住笑起来。笑声拉近了他们的距离，于是他们开始攀谈起来。在交谈中，时间过得很快，仿佛忘记了紧张和焦虑，很快就轮到小宇商场了，男孩还笑着给小雨鼓劲呢！

在这个事例中,小宇和男孩原本都很紧张,但是男孩的笑容打开了小宇的心扉,让小宇变得轻松,也更加健谈。笑容具有神奇的作用,哪怕我们对着陌生人微笑,也能得到陌生人的回应。笑容代表着友善,笑容代表着真诚,当男孩把笑容挂在脸上,时刻与笑容相伴,不仅男孩自己会变得情绪愉悦,就连男孩身边的人也会变得更加友好。

笑容从不因为年龄、性别等界限而失去效力,笑容还没有国界。即便在语言不同的人群之间,笑容也同样具有感染力。新生儿笑容是最纯净的,他们降临人世就像一张白纸;男孩的笑容也可以很真诚、干净和温暖,只要男孩有发自内心的善意。笑容又非常温暖,就像是春风,能够消融冰雪;笑容具有无穷的生命力,能够让干枯的心灵如同枯木逢春一样抽出鲜嫩的芽。男孩们,如果你们此刻还没有感受到笑容的魔力,那么就尽快地绽放笑容吧,你会发现随着你微笑,世界也微笑起来,随着你大笑,生活的每个角落都充满了欢声笑语。

有些男孩不会微笑,仿佛他们面部负责微笑的肌肉变得僵硬,他们内心深处掌控笑容的开关失灵了。没关心,虽然每一个生命在呱呱坠地的时候都以哭声宣告自己的到来,但是笑也同样是人擅长的。男孩可以学会练习微笑,很多客服人员都以露出八颗牙齿的标准微笑面对顾客,当然男孩的笑容无需这么职业化和标准化。练习微笑的时候,男孩要发自内心地感受到喜悦,才能让自己的微笑更加真诚友善,具有强大的感染力。

　　有些男孩习惯了以严肃的面孔示人，还要注意提醒自己保持微笑的姿态。例如，可以在家中的四处都张贴上笑脸，镜子上、书桌上、台灯面板上，这样当看到这些笑脸的时候，就要提醒自己也要保持笑容。长此以往，男孩就会把微笑变成习惯，不需要再刻意去保持微笑，他们的脸上就会笑容绽放。除此之外，男孩还应该学会幽默。在西方国家，幽默被视为一项重要的能力，懂得幽默的人不管走到哪里都能给人带来欢声笑语，都会非常受欢迎。幽默能力并非完全天生，只要男孩在成长的过程中有意识地培养和提升自己的幽默能力，多看一些笑话或者幽默故事，他们的幽默细胞就会越来越多。让笑容陪伴你的成长吧，你的人生将会因为笑容的灿烂绽放而变得与众不同。

情商高的男孩以助人为乐

　　情商高的男孩每当看到他人需要帮助的时候，往往毫不犹豫地伸出援手，给予他人力所能及的帮助。看到男孩这样无私地付出，也许有人会觉得男孩很傻，毕竟为了帮助他人而耽误自己的学习和工作，或者为了奉献爱心就付出大量的时间和精力，甚至还有物质和金钱，听起来的确冒着"傻气"。但是，只有男孩才知道，乐于助人不但帮助他人渡过了难关，自己也得到了很多快乐。

　　如果男孩总是事不关己，高高挂起，怀有明哲保身的态度，那么就很难真正地融入集体。要想结交更多的朋友，不但要友善坦诚，也要热情主动地帮助他人。虽然他人未必会给男孩回报，但是当男孩付出的爱和温暖在人与人之间流淌，整个时代都会因此而变得更有温度。很多情商高的男孩每当遇到困难的时候，都能得到他人的慷慨相助，其实这些帮助并非无缘无故的，很多帮助都是对男孩的回报。很多情商低的男孩每当遇到困难的时候，即使主动求助也未必能够得到帮助，这是因为他们平日里表现得非常冷漠。情商高的男孩知道自己只有主动付出，才能得到他人的回报。如果所有人都不愿意对他人伸出援手，那么人与人之间的关系就会保持冰点。先伸出橄榄枝的男孩，会把温暖带给他人，也会消融自己与他人之间的坚冰，使自己与他人更加亲近，更加友好。

　　在人际相处的过程中，有些男孩小肚鸡肠，最喜欢斤斤计较。他们只对他人付出了很少，就马上奢望得到他人加倍的回报。这样的付出不是真心诚意的付出，而更像是一个精明的商人在进行稳赚不赔的投资，这样的付出不能给人带来温暖，反而会让人感到心寒。试问，如果我们此刻正急需帮助，而那些帮助我们的人在我们还没有渡过难关的时候，就向我们索要回报，我们会感到开心，会懂得感恩吗？只怕我们会恨不得自己没有得到过这样冷漠无情的帮助，或者在迫不及待地给予对方以回报之后，与对方撇清关系。从这个意义上来说，在对他人付出帮助的时候，一定要真心诚意。所谓真心诚意，指的是帮助他人并非为了得到回报，只是纯粹地帮助他人，并且在帮助他人的过程中得到快乐，也认为这是自己得到的最好回报。当男孩怀有这样的心态，帮助他人的时候就会更快乐，而被帮助的人也会因此而内心轻松。

还需要注意的是，付出与回报之间未必会呈现绝对的正比关系。例如，男孩帮助他人以金钱，自己得到了快乐作为回报，他人未必会如数奉还男孩的金钱，但是男孩并不因此感到懊恼。男孩帮助他人付出了大量的时间，得到了他人真心的感谢，他人感受到男孩的善意，将来也会积极地帮助其他人，这就是爱的传递，也是对男孩最好的回报。回报的形式是不同的，男孩不要请求他人必须原样如数地奉还自己的善意，否则乐于助人也就失去了意义。

不管男孩以怎样的形式，付出了什么，去帮助他人，对于男孩来说，他们得到的最佳回报就是快乐。乐于助人的男孩更快乐，赠人玫瑰，手有余香，他们帮助他人不求回报，却又因为得到了快乐，得到了内心的满足，得到了生命的感动。心灵因此而丰满，精神因此而充实，这是其他任何回报都无法与之相比的。

情商高的男孩要想以助人为乐，就要真正认识到付出的意义，感受到付出的重要作用。常言道，众人拾柴火焰高。一个男孩乐于助人，社会也许不会有太大的改变，但是当每一个男孩都加入到乐于助人的队伍，整个社会就会有翻天覆地的变化。每一个男孩都是社会的一员，除了要以助人为乐之外，男孩还要具有社会责任感和使命感，要肩负起为这个社会升温的重要责任。

在助人的同时，男孩感受到快乐，这已经是对男孩最好的回报。终有一天，这样的温暖和善意还会以其他的方式回馈给男孩，或者是直接回报给男孩，或者是以社会上更多的温暖和善意感动男孩。在付出的时候，男孩只要用心享受那份满足和快乐就好，这样的用心和投入将会让男孩的生命绽放光彩。每一个情商高的男孩都应该心怀博爱，把爱撒向人间，用爱改变世界。

欲望与快乐

生活在这个世界上，人人都会有很多欲望。欲望是人的本能，新生命从呱呱坠地就有吃喝的欲望，这是基本的生理欲望。随着不断成长，又会有更高层次的欲望产生，例如婴儿会渴望得到父母的爱抚和陪伴，会渴望得到安全感。随着不断成长，孩子们希望自己拥有很多的玩具和美食，也希望自己在学习方面获得好成绩。等到长大成人，成年人的欲望会更多，他们希望有豪华的房子和汽车，希望赚取更多的金钱去四处旅行，希望为自己购买一些奢侈品，希望自己能够博得异性的青睐。总而言之，人的一生都在欲望中起起伏伏。有些人能够主宰和驾驭欲望，因而在欲望的驱动下成长得更好；而有的人最终却成为欲望的奴隶，总是被欲望驱使着去做一些事情，渐渐地迷失了人生的目标。

情商高的男孩，应该理解欲望与快乐的关系。有些男孩误以为欲望越多，越是满足欲望，就越是能够感受到快乐。其实，这是完全错误的想法。欲望的满足和快乐之间并非正比关系。欲望越多，人反而越是感到痛苦，尤其是在欲望不能得到满足的情况下，反而会因为求之而不得变得焦虑不安。如今，有些人提出了极简生活的理念。简单的生活并不艰苦，反而会因为奢望得少，内心更容易得到满足和快乐。其实，人为了生存下来，所需要的物质是很少的，太多人之所以陷入欲望的深渊，是他们没有把控好自己的心灵。从这个意义上来说，减少欲望就更容易获得满足，也就更容易感受到快乐。

男孩要有意识地掌控自己的欲望。

首先，在成长的过程中，当被拒绝的时候，男孩要意识到并非自己所有的欲望都能得到满足。

其次，父母不要无限度地满足男孩的欲望，而是要既学会给予男孩有限的爱，也要学会拒绝男孩的不合理要求，帮助男孩确定欲望的边界。

再次，随着不断成长，男孩不但要接受被拒绝，自己也要学会控制欲望。可以列一张欲望清单，在清单上进行增添和删除，学会清理自己的欲望。

最后，男孩要感受到满足的快乐。既然欲望是无止境的，试图通过满足所有欲望获得快乐就是不可行的，只有减少欲望，才能真正感到满足，也才能真正感到快乐。

情商高的男孩在学会掌控欲望之后，不会为了买一个最新款苹果手机就去刁难父母，又或是出卖自己的人体器官；不会为了和同学攀比最时髦的名牌服装，就抱怨父母没有给自己提供更为优渥的物质条件；不会为了在学习上超越那个总是年级第一的同学就动起歪心思，还在心中暗暗地诅咒对方转学、退学，这样自己就可以一跃成为第一了；不会为了无限度地提升生活品质，就忘记了关注自己的内心……

当欲望充满了我们的生命，我们就会变成满足欲望的机器；我们唯有真正地掌控欲望，让适度的欲望得到满足，才能为人生增色。很多男孩在少不更事的时候心比天高。他们有无穷无尽的欲望，对于人生也有很多幻想，但是随着时间的流逝，他们的浪漫和美好被现实碾压，结果在不知不觉间他们就变得乏力和沮丧。其实，要想再次唤醒生命的无限活力也很容易，那就是把自己的位置与欲望的位置互换，问清楚自己的内心究竟想要怎样的生活，想要达到怎样的人生目标，从而缩减欲望，并集中力量去实现极简的欲望。在此过程中，男孩会感受到生命的力量，也会渐渐地形成和凝聚信心，让生命因此变得不同。

男孩们，你们是否曾经想要得到一切，是否曾经对于自己所拥有的感到不满足。你们也许还为此懊恼，怀疑自己的付出和努力是否有意义。从现在开始，不要再执着于那些不是生活必需的东西，而要更多观察自己的内心世界，坚持进行内省。也许有一刻，我们就会恍然顿悟原来我们奢求的一切并不是必需品，而我们生命中真正需要的养分是感情、领悟和共鸣。从现在开始，坚定内心的方向，坚持走在自己的道路上，每一个男孩就一定能够有所收获！

参考文献

[1]董亚兰，郭志刚.男孩要有高情商[M].北京：北京理工大学出版社，2018.

[2]陈金川，男孩情商书[M].北京：中国纺织出版社，2014.

[3]董亚兰，郭志刚.男孩要有好习惯[M].北京：北京理工大学出版社，2018.